公益財団法人 日本数学検定協会 監修

# 受かる! 数学検定

The Mathematics Certification Institute
>> 5th Grade

改訂版

5

Gakken

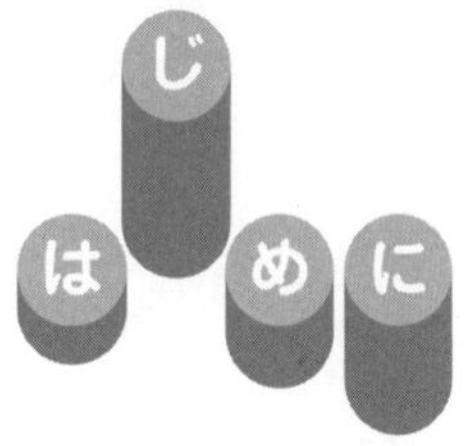


実用数学技能検定の3～5級は中学校で扱う数学の内容がもとになって出題されていますが，この範囲の内容は算数から数学へつなげるうえでも，社会との接点を考えるうえでもたいへん重要です。

令和3年4月1日から全面実施された中学校学習指導要領では，数学的活動の3つの内容として，“日常の事象や社会の事象から問題を見いだし解決する活動”“数学の事象から問題を見いだし解決する活動”“数学的な表現を用いて説明し伝え合う活動”を挙げています。これらの活動を通して，数学を主体的に生活や学習に生かそうとしたり，問題解決の過程を評価・改善しようとしたりすることなどが求められているのです。

実用数学技能検定は実用的な数学の技能を測る検定です。実用的な数学技能とは計算・作図・表現・測定・整理・統計・証明の7つの技能を意味しており，検定問題を通して提要された具体的な活用の場面が指導要領に示されている数学的活動とも結びつく内容になっています。また，3～5級に対応する技能の概要でも社会生活と数学技能の関係性について言及しています。

このように，実用数学技能検定では社会のなかで使われている数学の重要性を認識しながら問題を出題しており，なかでも3～5級はその基礎的数学技能を評価するうえで重要な階級であると言えます。

さて，実際に社会のなかで，3～5級の内容がどんな場面で使われるのでしょうか。一次関数や二次方程式など単元別にみても，さまざまな分野で活用されているのですが，数学を学ぶことで，社会生活における基本的な考え方を身につけることができます。当協会ではビジネスにおける数学の力を把握力，分析力，選択力，予測力，表現力と定義しており，物事をちゃんと捉えて，何が起きているかを考え，それをもとにどうすればよりよい結果を得られるのか。そして，最後にそれらの考えを相手にわかりやすいように伝えるにはどうすればよいのかということにつながっていきます。

こうしたことも考えながら問題にチャレンジしてみてもいいかもしれませんね。

公益財団法人 日本数学検定協会

# 数学検定5級を受検するみなさんへ

## 数学検定とは

実用数学技能検定(後援＝文部科学省。対象：1～11級)は，数学の実用的な技能(計算・作図・表現・測定・整理・統計・証明)を測る「記述式」の検定で，公益財団法人日本数学検定協会が実施している全国レベルの実力・絶対評価システムです。

## 検定の概要

1級，準1級，2級，準2級，3級，4級，5級，6級，7級，8級，9級，10級，11級，かず・かたち検定のゴールドスター，シルバースターの合計15階級があります。
1～5級には，計算技能を測る「1次：計算技能検定」と数理応用技能を測る「2次：数理技能検定」があります。1次も2次も同じ日に行います。初めて受検するときは，1次・2次両方を受検します。
6級以下には，1次・2次の区分はありません。

### ○受検資格

原則として受検資格を問いません。

### ○受検方法

「個人受験」「提携会場受験」「団体受験」の3つの受験方法があります。
受験方法によって，検定日や検定料，受験できる階級や申し込み方法などが異なります。

くわしくは公式サイトでご確認ください。
https://www.su-gaku.net/suken/

○ 階級の構成

| 階級 | | 検定時間 | 出題数 | 合格基準 | 目安となる程度 |
|---|---|---|---|---|---|
| **1級** | | **1次**：60分<br>**2次**：120分 | **1次**：7問<br>**2次**：2題必須・5題より2題選択 | **1次**：<br>全問題の70%程度<br><br>**2次**：<br>全問題の60%程度 | 大学程度・一般 |
| **準1級** | | | | | 高校3年生程度<br>（数学Ⅲ・数学C程度） |
| **2級** | | **1次**：50分<br>**2次**：90分 | **1次**：15問<br>**2次**：2題必須・5題より3題選択 | | 高校2年生程度<br>（数学Ⅱ・数学B程度） |
| **準2級** | | | **1次**：15問<br>**2次**：10問 | | 高校1年生程度<br>（数学Ⅰ・数学A程度） |
| **3級** | | **1次**：50分<br>**2次**：60分 | **1次**：30問<br>**2次**：20問 | | 中学3年生程度 |
| **4級** | | | | | 中学2年生程度 |
| **5級** | | | | | 中学1年生程度 |
| **6級** | | 50分 | 30問 | 全問題の70%程度 | 小学6年生程度 |
| **7級** | | | | | 小学5年生程度 |
| **8級** | | | | | 小学4年生程度 |
| **9級** | | 40分 | 20問 | | 小学3年生程度 |
| **10級** | | | | | 小学2年生程度 |
| **11級** | | | | | 小学1年生程度 |
| かず・かたち検定 | ゴールドスター<br>シルバースター | 40分 | 15問 | 10問 | 幼児 |

### ○合否の通知

検定試験実施から，約40日後を目安に郵送にて通知。
検定日の約3週間後に「数学検定」公式サイト（https://www.su-gaku.net/suken/）からの合格確認もできます。

### ○合格者の顕彰

**【1～5級】**
1次検定のみに合格すると計算技能検定合格証，
2次検定のみに合格すると数理技能検定合格証，
1次2次ともに合格すると実用数学技能検定合格証が発行されます。

**【6～11級およびかず・かたち検定】**
合格すると実用数学技能検定合格証，
不合格の場合は未来期待証が発行されます。

●実用数学技能検定合格，計算技能検定合格，数理技能検定合格をそれぞれ認め，永続してこれを保証します。

### ○実用数学技能検定取得のメリット

**◎高等学校卒業程度認定試験の必須科目「数学」が試験免除**
実用数学技能検定2級以上取得で，文部科学省が行う高等学校卒業程度認定試験の「数学」が免除になります。

**◎実用数学技能検定取得者入試優遇制度**
大学・短期大学・高等学校・中学校などの一般・推薦入試における各優遇措置があります。学校によって優遇の内容が異なりますのでご注意ください。

**◎単位認定制度**
大学・高等学校・高等専門学校などで，実用数学技能検定の取得者に単位を認定している学校があります。

## ○5級の検定内容および技能の概要

5級の検定内容は，下のような構造になっています。

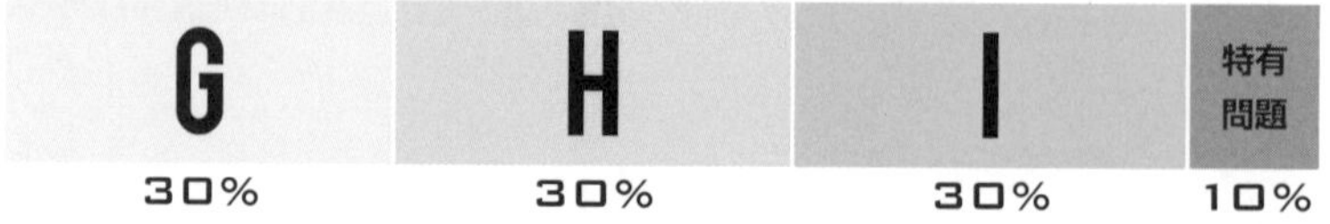


# G
（中学1年）

**検定の内容**

正の数・負の数を含む四則混合計算，文字を用いた式，一次式の加法・減法，一元一次方程式，基本的な作図，平行移動，対称移動，回転移動，空間における直線や平面の位置関係，扇形の弧の長さと面積，空間図形の構成，空間図形の投影・展開，柱体・錐体及び球の表面積と体積，直角座標，負の数を含む比例・反比例，度数分布とヒストグラム　など

**技能の概要**

▶**社会で賢く生活するために役立つ基礎的数学技能**

1. 負の数がわかり，社会現象の実質的正負の変化をグラフに表すことができる。
2. 基本的図形を正確に描くことができる。
3. 2つのものの関係変化を直線で表示することができる。

# H
（小学6年）

**検定の内容**

分数を含む四則混合計算，円の面積，円柱・角柱の体積，縮図・拡大図，対称性などの理解，基本的単位の理解，比の理解，比例や反比例の理解，資料の整理，簡単な文字と式，簡単な測定や計量の理解　など

**技能の概要**

▶**身近な生活に役立つ算数技能**

1. 容器に入っている液体などの計量ができる。
2. 地図上で実際の大きさや広さを算出することができる。
3. 2つのものの関係を比やグラフで表示することができる。
4. 簡単な資料の整理をしたり表にまとめたりすることができる。

# I
（小学5年）

**検定の内容**

整数や小数の四則混合計算，約数・倍数，分数の加減，三角形・四角形の面積，三角形・四角形の内角の和，立方体・直方体の体積，平均，単位量あたりの大きさ，多角形，図形の合同，円周の長さ，角柱・円柱，簡単な比例，基本的なグラフの表現，割合や百分率の理解　など

**技能の概要**

▶**身近な生活に役立つ算数技能**

1. コインの数や紙幣の枚数を数えることができ，金銭の計算や授受を確実に行うことができる。
2. 複数の物の数や量の比較を円グラフや帯グラフなどで表示することができる。
3. 消費税などを算出できる。

※アルファベットの下の表記は目安となる学年です。

## 受検時の注意

### 1）当日の持ち物

| 持ち物＼階級 | 1～5級 1次 | 1～5級 2次 | 6～8級 | 9～11級 | かず・かたち検定 |
|---|---|---|---|---|---|
| 受検証（写真貼付）※1 | 必須 | 必須 | 必須 | 必須 | |
| 鉛筆またはシャープペンシル（黒のHB・B・2B） | 必須 | 必須 | 必須 | 必須 | 必須 |
| 消しゴム | 必須 | 必須 | 必須 | 必須 | 必須 |
| ものさし（定規） | | 必須 | 必須 | 必須 | |
| コンパス | | 必須 | 必須 | | |
| 分度器 | | | 必須 | | |
| 電卓（算盤）※2 | | 使用可 | | | |

※1　個人受検と提供会場受検のみ

※2　使用できる電卓の種類　○一般的な電卓　○関数電卓　○グラフ電卓
通信機能や印刷機能をもつもの，携帯電話・スマートフォン・電子辞書・パソコンなどの電卓機能は使用できません。

### 2）答案を書く上での注意

計算技能検定問題・数理技能検定問題とも書き込み式です。

答案は採点者にわかりやすいようにていねいに書いてください。特に，0と6，4と9，PとDとOなど，まぎらわしい数字・文字は，はっきりと区別できるように書いてください。正しく採点できない場合があります。

## 受検申込方法

受検の申し込みには団体受検と個人受検があります。くわしくは，公式サイト（https://www.su-gaku.net/suken/）をご覧ください。

### ○個人受検の方法

個人受検できる検定日は，年3回です。検定日については公式サイト等でご確認ください。※9級，10級，11級は個人受検を実施いたしません。

- お申し込み後，検定日の約1週間前を目安に受検証を送付します。受検証に検定会場や時間が明記されています。
- 検定会場は全国の県庁所在地を目安に設置される予定です。（検定日によって設定される地域が異なりますのでご注意ください。）
- 一旦納入された検定料は，理由のいかんによらず返還，繰り越し等いたしません。

## ◎個人受検は次のいずれかの方法でお申し込みできます。

### 1）インターネットで申し込む

受付期間中に公式サイト（https://www.su-gaku.net/suken/）からお申し込みができます。詳細は，公式サイトをご覧ください。

### 2）LINEで申し込む

数検LINE公式アカウントからお申し込みができます。お申し込みには「友だち追加」が必要です。詳細は，公式サイトをご覧ください。

### 3）コンビニエンスストア設置の情報端末で申し込む

下記のコンビニエンスストアに設置されている情報端末からお申し込みができます。

- セブンイレブン「マルチコピー機」
- ローソン「Loppi」
- ファミリーマート「マルチコピー機」
- ミニストップ「MINISTOP Loppi」

### 4）郵送で申し込む

①公式サイトからダウンロードした個人受検申込書に必要事項を記入します。

②検定料を郵便口座に振り込みます。

※郵便局へ払い込んだ際の領収書を受け取ってください。
※検定料の払い込みだけでは，申し込みとなりません。

**郵便局振替口座：00130-5-50929**
**公益財団法人 日本数学検定協会**

③下記宛先に必要なものを郵送します。

**⑴受検申込書　⑵領収書・振込明細書**（またはそのコピー）

［宛先］〒110-0005 東京都台東区上野5-1-1　文昌堂ビル4階
公益財団法人　日本数学検定協会　宛

## デジタル特典　スマホで読める要点まとめ

**URL：https://gbc-library.gakken.jp/**
**ID：fndmb**
**パスワード：q6gthmtk**

※「コンテンツ追加」から「ID」と「パスワード」をご入力ください。
※コンテンツの閲覧にはGakkenIDへの登録が必要です。IDとパスワードの無断転載・複製を禁じます。サイトアクセス・ダウンロード時の通信料はお客様のご負担になります。サービスは予告なく終了する場合があります。

# もくじ

## 第1章 計算技能検定［❶次］【対策編】

## 第2章 数理技能検定［❷次］【対策編】



## 巻末 数学検定5級・模擬検定問題（切り取り式）

**〈別冊〉解答と解説**

※巻末に，本冊と軽くのりづけされていますので，はずしてお使いください。

# 本書の特長と使い方

**本書は,数学検定合格のための攻略問題集で,**
**「計算技能検定[❶次]対策編」と「数理技能検定[❷次]対策編」の2部構成になっています。**

## 1 解法を確認しよう！

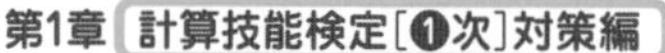


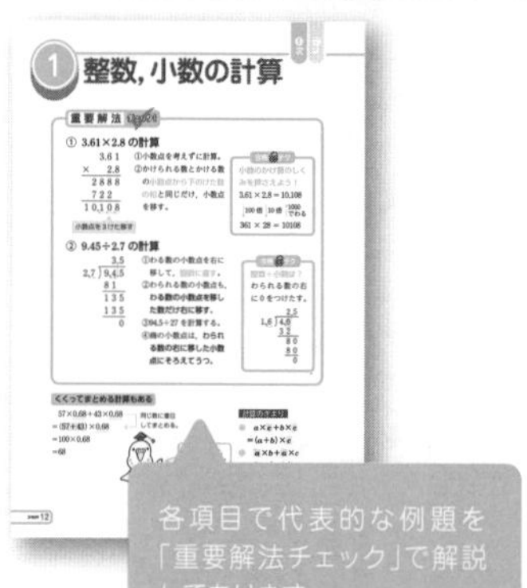


各項目で代表的な例題を「重要解法チェック」で解説してあります。
ここで,計算の手順をつかみましょう。

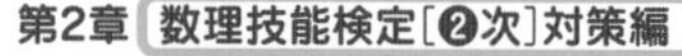


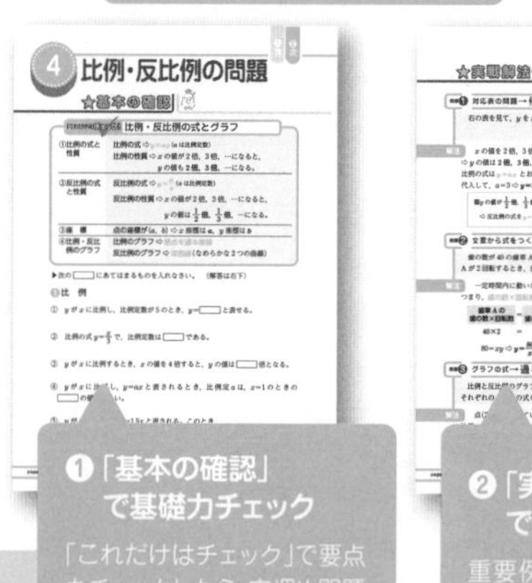


**❶「基本の確認」で基礎力チェック**

「これだけはチェック」で要点をチェックしたら,穴埋め問題で基礎事項を確かめましょう。

**❷「実戦解法テクニック」で実戦力アップ！**

重要例題の解法を確認して,解き方を身につけましょう。

## 2 3ステップの問題で理解を定着！

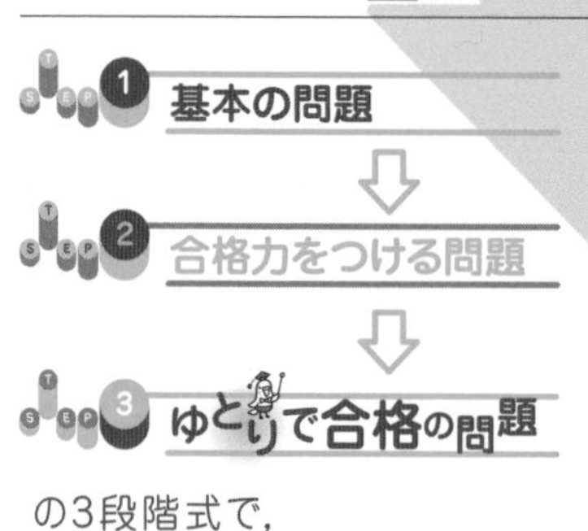


の3段階式で,
無理なく着実に力がつきます。

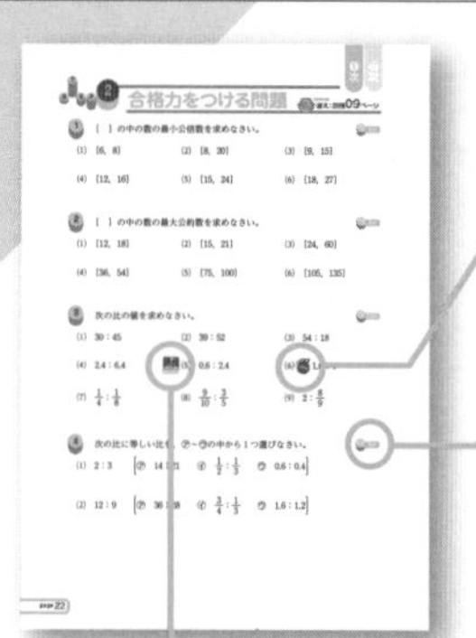


間違えやすい問題には「ミス注意」のマークつき。

大問ごとに制限時間が設けられているので,本番での時間配分がつかめる。

実力を試すような問題には「チャレンジ！」のマークつき。

## 3 巻末 模擬検定問題 で総仕上げ！

本書の巻末には,模擬検定問題がついています。
実際の検定内容にそった問題ばかりですから,
制限時間を守り,本番のつもりで挑戦しましょう。

## 〈別冊〉解答と解説

問題の解答と解説は,答え合わせのしやすい別冊です。
できなかった問題は,解説をよく読んで,
正しい解き方を確認しましょう。

# 第1章

# 計算技能検定【1次】

【対策編】

# 整数，小数の計算

## 重要解法 チェック!

### ① 3.61×2.8 の計算

```
     3.6 1
×      2.8
──────────
   2 8 8 8
   7 2 2
──────────
 1 0.1 0 8
```

小数点を 3 けた移す

①小数点を考えずに計算。
②かけられる数とかける数の小数点から下のけた数の和と同じだけ，小数点を移す。

**合格テク**
小数のかけ算のしくみを押さえよう！
3.61 × 2.8 = 10.108
↓100 倍 ↓10 倍 ↑1000 でわる
361 × 28 = 10108

### ② 9.45÷2.7 の計算

```
          3.5
2.7 ) 9.4.5
      8 1
      ─────
      1 3 5
      1 3 5
      ─────
          0
```

①わる数の小数点を右に移して，整数に直す。
②わられる数の小数点も，**わる数の小数点を移した数だけ右に移す。**
③94.5÷27 を計算する。
④商の小数点は，**わられる数の右に移した小数点にそろえてうつ。**

**合格テク**
整数÷小数は？
わられる数の右に 0 をつけたす。

```
          2.5
1.6 ) 4.0
      3 2
      ───
        8 0
        8 0
        ───
          0
```

### くくってまとめる計算もある

57×0.68+43×0.68
=(57+43)×0.68
=100×0.68
=68

同じ数に着目してまとめる。

**計算のきまり**

- $a \times c + b \times c = (a+b) \times c$
- $a \times b + a \times c = a \times (b+c)$

計算のきまりは，小数や分数のときでも使えるんだ！

小数の計算は，積や商・余りの小数点の位置に注意しよう！

学習日

月　日



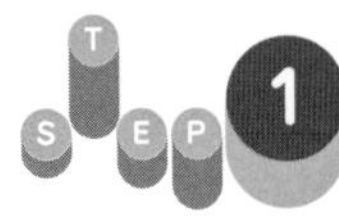


## 基本の問題

**1** 次の計算をしなさい。 5分

(1) $420 \times 600$　　(2) $170 \times 900$

(3) $3500 \times 500$　　(4) $18900 \div 700$

(5) $25200 \div 300$　　(6) $544000 \div 8000$

**2** 次の計算をしなさい。 5分

(1) $43 \times 3.8$　　(2) $3.2 \times 1.4$

(3) $2.9 \times 4.6$　　(4) $6.8 \times 7.3$

(5) $51.7 \times 0.9$　　(6) $7.08 \times 2.5$

**3** 次の計算をしなさい。 5分

(1) $2.6 \overline{)3.64}$　　(2) $3.7 \overline{)6.66}$

(3) $1.5 \overline{)2.4}$　　(4) $3.4 \overline{)8.5}$

(5) $9.4 \overline{)39.48}$　　(6) $0.26 \overline{)0.728}$

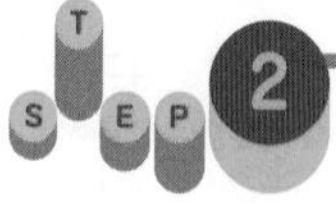

# 合格力をつける問題

次の計算をしなさい。

(1) $5600\times2700$　(2) $1750\times4800$

(3) $0.4\times400$　(4) $6.25\times8000$

(5) $598000\div13000$　(6) $294000\div4900$

(7) $91000\div2600$　(8) $6150000\div75000$

次の計算をしなさい。

(1) $\begin{array}{r} 4.27 \\ \times\quad 96 \\ \hline \end{array}$　(2) $\begin{array}{r} 7.93 \\ \times\quad 5.9 \\ \hline \end{array}$

(3) $\begin{array}{r} 3.86 \\ \times 425 \\ \hline \end{array}$　(4) $5.6\overline{)47.6}$

(5) $7.24\overline{)18.1}$　(6) $2.85\overline{)13.11}$

次の計算をしなさい。

(1) $7.43\times5.8$　(2) $19.15\times4.7$

(3) $3.96\times1.63$　(4) $3.84\times0.82$

(5) $20.64\times29.5$　(6) $0.375\times0.24$

(7) $0.138\times0.4$　(8) $0.026\times3.08$

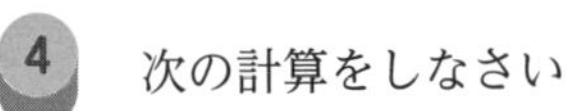



**4** 次の計算をしなさい。 

(1) $6.063 \div 4.7$　　(2) $3.127 \div 5.9$

(3) $0.6052 \div 0.68$　　(4) $259.2 \div 3.6$

(5) $61.8 \div 7.5$　　(6) $94 \div 2.35$

(7) $12.48 \div 1.92$　　(8) $43.2 \div 0.16$

(9) $0.799 \div 0.94$　　(10) $0.117 \div 1.8$

**5** 次の計算をしなさい。 

(1) $0.46 \times 5.62$　　(2) $18 \times 7.29$

(3) ミス注意 miss $1 - 0.93 \times 0.4$　　(4) $10.5 \times 2.6 + 10.7$

(5) $6.2 \times 4.3 - 4.3 \times 1.2$　　(6) $3.14 \times 1.66 + 2.34 \times 3.14$

(7) $2.5 \times 2.6 \times 8$　　(8) $0.8 \times 7.45 \times 12.5$

## STEP 3 ゆとりで合格の問題

答え：別冊03ページ

**1** 次の計算をしなさい。 

(1) $13.8 \times 4.5 \div 23$　　(2) $60 - 3.5 \times (26.8 - 17.5)$

(3) $2.5 \times 1.5 \times 0.2 \times 0.4$　　(4) $9 \times 2.6 + 1 \times 2.6 - 5 \times 2.6$

(5) $(3 \times 19 \times 5.1 + 5.1 \times 64) \div 11$　　(6) $1.23 \times 3.5 - 12.3 \times 0.15$

# 分数の計算

## 重要解法チェック！

### ① $\frac{7}{12}-\frac{1}{2}+\frac{3}{4}$ の計算

$$\frac{7}{12}-\frac{1}{2}+\frac{3}{4}$$

12，2，4の**最小公倍数**12で通分する

$$=\frac{7}{12}-\frac{6}{12}+\frac{9}{12}$$

$\frac{\overset{5}{\cancel{10}}}{\underset{6}{\cancel{12}}}=\frac{5}{6}$

$$=\frac{5}{6}$$

**合格テク**

通分するとき，分子に数をかけ忘れるな！

$$\frac{7}{12}-\frac{1}{2}+\frac{3}{4}$$

$$=\frac{7}{12}-\frac{6}{12}+\frac{3}{12}\ (\times)$$

### ② $\frac{3}{7}\div1\frac{3}{5}\times\frac{4}{9}$ の計算

$$\frac{3}{7}\div1\frac{3}{5}\times\frac{4}{9}$$

わる数の逆数をかける

$$=\frac{3}{7}\times\frac{5}{8}\times\frac{4}{9}$$

$\frac{\overset{1}{\cancel{3}}\times5\times\overset{1}{\cancel{4}}}{7\times\underset{2}{\cancel{8}}\times\underset{3}{\cancel{9}}}=\frac{5}{42}$

$$=\frac{5}{42}$$

**合格テク**

逆数をつくるには分母と分子を入れかえろ！

$1\frac{3}{5}=\frac{8}{5}$ ⇨ $\frac{8}{5}$ → $\frac{5}{8}$

$1\frac{3}{5}$ の逆数は $\frac{5}{8}$

### 小数は分数に直して計算！

$$\frac{5}{14}\times\left(0.4-\frac{1}{6}\right)=\frac{5}{14}\times\left(\frac{2}{5}-\frac{1}{6}\right)$$

$0.4=\frac{4}{10}=\frac{2}{5}$

通分する

$$=\frac{5}{14}\times\left(\frac{12}{30}-\frac{5}{30}\right)$$

(　　)の中を先に！

$$=\frac{5}{14}\times\frac{7}{30}$$

$\frac{\overset{1}{\cancel{5}}\times\overset{1}{\cancel{7}}}{\underset{2}{\cancel{14}}\times\underset{6}{\cancel{30}}}=\frac{1}{12}$

$$=\frac{1}{12}$$

$0.1=\frac{1}{10}$

$0.01=\frac{1}{100}$

$0.001=\frac{1}{1000}$

を使うんだね。

加法・減法は通分し，乗法・除法は帯分数を仮分数に直して計算しよう！

学習日
月　日



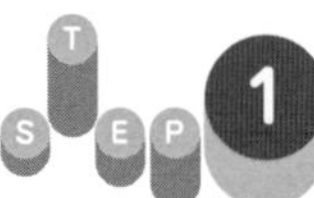


# 基本の問題

答え：別冊04ページ

次の計算をしなさい。 5分

(1) $\frac{1}{3}+\frac{1}{2}$　　(2) $\frac{1}{4}+\frac{3}{8}$

(3) $\frac{5}{9}+\frac{1}{6}$　　(4) $\frac{5}{6}-\frac{2}{3}$

(5) $\frac{1}{2}-\frac{2}{5}$　　(6) $\frac{3}{4}-\frac{4}{9}$

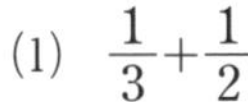

次の計算をしなさい。 5分

(1) ミス注意 miss $\frac{3}{8}\times6$　　(2) $\frac{4}{5}\times\frac{2}{3}$

(3) $\frac{2}{9}\times\frac{3}{5}$　　(4) $\frac{8}{9}\div4$

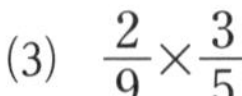

(5) $\frac{3}{5}\div\frac{5}{6}$　　(6) $\frac{7}{12}\div\frac{8}{9}$

次の分数は小数で，小数は分数で表しなさい。 

(1) $\frac{4}{5}$　　(2) $1\frac{1}{2}$

(3) 0.7　　(4) 1.25

次の計算をしなさい。 

(1) $\frac{1}{4}+0.5$　　(2) $0.6-\frac{1}{3}$

# STEP 2 合格力をつける問題

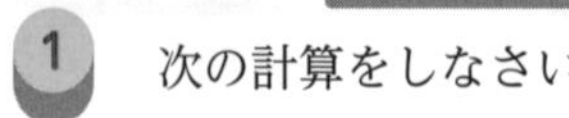
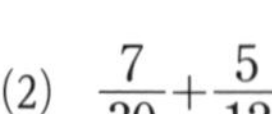

答え：別冊05ページ

**1** 次の計算をしなさい。 10分

(1) $1\frac{3}{4}+\frac{5}{6}$　　(2) $\frac{7}{30}+\frac{5}{12}$

(3) $1\frac{4}{5}+3\frac{6}{7}$　　(4) $\frac{9}{10}-\frac{5}{6}$

(5) $1\frac{3}{8}-\frac{7}{12}$　　(6) $4\frac{1}{6}-1\frac{5}{14}$

**2** 次の計算をしなさい。 6分

(1) $1\frac{2}{3}-\frac{4}{5}+\frac{3}{10}$　　(2) $3\frac{1}{2}-\frac{4}{9}-1\frac{1}{6}$

(3) $2\frac{2}{5}-\left(\frac{1}{2}+\frac{2}{3}\right)$　　(4) $1\frac{3}{4}-\left(1\frac{2}{5}-\frac{5}{8}\right)$

**3** 次の分数は小数で，小数は分数で表しなさい。 6分

(1) $\frac{1}{8}$　　(2) $\frac{6}{25}$　　(3) $2\frac{3}{40}$

(4) 1.35　　(5) 3.64　　(6) 0.625

**4** 次の計算をしなさい。 15分

(1) $\frac{4}{5}\times4\frac{1}{3}$　　(2) $2\frac{1}{6}\times\frac{2}{13}$

(3) $1\frac{1}{21}\times5\frac{5}{6}$　　(4) $1\frac{1}{4}\div\frac{5}{8}$

(5) $12\div2\frac{2}{3}$　　(6) $19\frac{1}{5}\div6\frac{2}{5}$

(7) $\frac{5}{6}\times\frac{3}{10}\times\frac{2}{9}$　　(8) $14\div1\frac{2}{3}\div1\frac{2}{5}$

(9) $\frac{5}{7}\times1\frac{1}{15}\div\frac{4}{7}$　　(10) $1\frac{7}{9}\div1\frac{1}{6}\times2\frac{5}{8}$

**5** 次の計算をしなさい。 15分

(1) $3\frac{2}{5}-\frac{3}{10}\times\frac{5}{6}$

(2) $1\frac{2}{9}-\frac{5}{6}\div2\frac{1}{4}$

(3) $1\frac{1}{8}+2\frac{5}{8}\div\frac{4}{9}$

(4) $\left(2\frac{1}{6}-1\frac{3}{4}\right)\times3\frac{3}{5}$

(5) $\left(3\frac{1}{6}-1\frac{5}{8}\right)\div1\frac{1}{12}$

(6) $\frac{3}{14}\times\left(1\frac{5}{12}-\frac{5}{6}\right)\div\frac{3}{4}$

(7) $\frac{4}{9}\div1\frac{1}{3}+\frac{7}{12}\times\frac{4}{7}$

(8) $2\frac{2}{5}\times1\frac{3}{4}-1\frac{4}{5}\div2\frac{4}{7}$

**6** 次の計算をしなさい。 18分

(1) $0.6-\frac{2}{9}+\frac{8}{15}$

(2) $1\frac{9}{28}-\left(\frac{6}{7}-0.5\right)$

(3) $3\frac{2}{5}-\left(0.35+1\frac{3}{10}\right)$

(4) $1.75\div\frac{3}{8}\times0.2$

(5) $2.2\div\frac{11}{14}\times5\div0.25$

(6) $5.2\times2\frac{1}{4}\div0.26\div10\frac{4}{5}$

(7) $1.6+1\frac{2}{3}\times2\frac{7}{10}$

(8) $1\frac{1}{8}-0.3\times1\frac{1}{2}$

(9) $\left(\frac{4}{5}-0.45\right)\times2\frac{6}{7}$

(10) $\left(2.8-1\frac{5}{6}\right)\div5\frac{4}{5}$

## STEP 3 ゆとりで合格の問題

答え:別冊07ページ

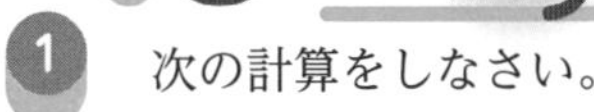

**1** 次の計算をしなさい。 10分

(1) $0.24\times\left(\frac{1}{4}+\frac{1}{6}\right)+0.2$

(2) $\left(1\frac{2}{3}-\frac{3}{5}\right)\times1\frac{1}{3}\div0.64$

(3) $\left(1\frac{1}{5}-0.75\right)\div\left(7\div1\frac{5}{9}\right)$

(4) $3.25-\left(2\frac{1}{2}-1.75\right)+\frac{2}{3}$

(5) $1.8\times1\frac{2}{3}-\left(\frac{5}{6}-\frac{3}{4}\right)\div0.5$

(6) $\left(1\frac{1}{5}+\frac{3}{4}\right)\div\left(1.75-\frac{2}{3}\right)-1.3$

# 倍数と約数，比

## 重要解法 チェック！

### ① 6と8の最小公倍数の求め方

6の倍数 ⇨ 6，12，18，㉔，30，36，42，㊽，…

8の倍数 ⇨ 8，16，㉔，32，40，㊽，…

◯印をつけた数が6と8の公倍数。

よって，6と8の最小公倍数は24

↑公倍数のうち，最小の数

**合格テク**

**最小公倍数の求め方**

6と8の倍数をそれぞれ求めて，公倍数のうち，最小の倍数を見つける。

### ② 12と18の最大公約数の求め方

12の約数 ⇨ ①，②，③，4，⑥，12

18の約数 ⇨ ①，②，③，⑥，9，18

◯印をつけた数が12と18の公約数。

よって，12と18の最大公約数は6

↑公約数のうち，最大の数

**合格テク**

**最大公約数の求め方**

12と18の約数をそれぞれ求めて，公約数のうち，最大の約数を見つける。

### ③ $\frac{2}{3}:\frac{2}{5}$ を簡単にする計算

$\frac{2}{3}:\frac{2}{5}$

$=\frac{10}{15}:\frac{6}{15}$

$=10:6$

$=5:3$

通分する

$\left(\frac{10}{15}\times15\right):\left(\frac{6}{15}\times15\right)$

公約数でわる

**合格テク**

**分母の最小公倍数をかけてもよい。**

$\left(\frac{2}{3}\times15\right):\left(\frac{2}{5}\times15\right)$

$=10:6$

$=5:3$

### 比の一方の数の求め方

① $2:3=8:\square$ （×4）

後ろの数に4をかけて，

$\square=3\times4=12$

② $30:24=\square:4$ （÷6）

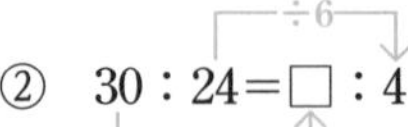

前の数を6でわって，

$\square=30\div6=5$

倍数と約数の意味やその求め方，比の性質をしっかりつかもう。

学習日　　月　日

# STEP 1 基本の問題

答え：別冊08ページ

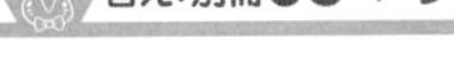

**1** 次の問いに答えなさい。　3分

(1) 3の倍数を小さい方から順に5つ答えなさい。

(2) 18の約数をすべて答えなさい。

**2** 〔　〕の中の数の最小公倍数を求めなさい。　3分

(1) 〔3, 4〕　(2) 〔5, 10〕　(3) 〔4, 7〕

**3** 〔　〕の中の数の最大公約数を求めなさい。　3分

(1) 〔12, 15〕　(2) 〔28, 35〕　(3) 〔8, 16〕

**4** 次の比の値を求めなさい。　5分

(1) 3：4　(2) 1：10　(3) 7：2

(4) 3：6　(5) 9：6　(6) 8：4

**5** 次の比を最も簡単な整数の比にしなさい。　5分

(1) 2：10　(2) 9：12　(3) 21：7

(4) 18：15　(5) 0.3：0.5　(6) $\frac{7}{9}:\frac{4}{9}$

## STEP 2 合格力をつける問題

答え：別冊09ページ

**1** 〔 〕の中の数の最小公倍数を求めなさい。

(1) 〔6, 8〕　　(2) 〔8, 20〕　　(3) 〔9, 15〕

(4) 〔12, 16〕　　(5) 〔15, 24〕　　(6) 〔18, 27〕

**2** 〔 〕の中の数の最大公約数を求めなさい。

(1) 〔12, 18〕　　(2) 〔15, 21〕　　(3) 〔24, 60〕

(4) 〔36, 54〕　　(5) 〔75, 100〕　　(6) 〔105, 135〕

**3** 次の比の値を求めなさい。

(1) 30 : 45　　(2) 39 : 52　　(3) 54 : 18

(4) 2.4 : 6.4　　CHALLENGE チャレンジ！ (5) 0.6 : 2.4　　ミス注意 miss (6) 1.6 : 4

(7) $\frac{1}{4} : \frac{1}{8}$　　(8) $\frac{9}{10} : \frac{3}{5}$　　(9) $2 : \frac{8}{9}$

**4** 次の比に等しい比を，㋐～㋒の中から１つ選びなさい。

(1) 2 : 3　　［㋐ 14 : 21　　㋑ $\frac{1}{2} : \frac{1}{3}$　　㋒ 0.6 : 0.4］

(2) 12 : 9　　［㋐ 36 : 28　　㋑ $\frac{3}{4} : \frac{1}{3}$　　㋒ 1.6 : 1.2］

**5** 次の比を最も簡単な整数の比にしなさい。

(1) 18：42　　(2) 63：36　　(3) 48：32

(4) 1.5：6　　(5) 3：7.5　　(6) 0.4：0.18

(7) $\frac{5}{6}:\frac{3}{4}$　　(8) $\frac{3}{7}:6$　　(9) $1\frac{2}{5}:2\frac{1}{3}$

**6** 次の式の□にあてはまる数を求めなさい。

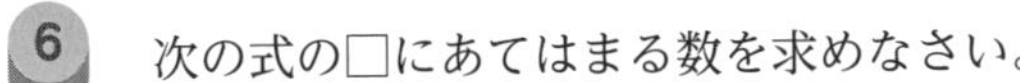

(1) 3：2＝□：8　　(2) 5：8＝40：□

(3) 4：7＝24：□　　(4) 210：140＝□：2

(5) 12：□＝3：5　　(6) □：20＝5：4

## STEP 3 ゆとりで合格の問題

答え：別冊11ページ

**1** ［　］の中の数の最小公倍数を求めなさい。

(1) ［3, 5, 6］　　(2) ［2, 8, 9］　　(3) ［12, 20, 24］

**2** ［　］の中の数の最大公約数を求めなさい。

(1) ［16, 20, 36］　　(2) ［12, 18, 30］　　(3) ［18, 36, 72］

**3** 次の式の□にあてはまる数を求めなさい。

(1) 2.1：3.5＝□：5　　(2) 10：7.5＝12：□

(3) $\frac{1}{3}:\frac{1}{4}$＝□：6　　(4) $\frac{3}{8}:\frac{7}{12}$＝□：14

# 正負の数の計算

## 重要解法 チェック!

### ① $-4-(-6)+(-9)+5$ の計算

$$-4-(-6)+(-9)+5$$
$$=-4\quad +6\quad -9\quad +5$$
$$=6+5-4-9$$
$$=11-13$$
$$=-2$$

かっこのない式に直す
正・負の項を集める
**正・負の項を別々に計算**

**合格テク**

かっこのはずし方

● **+( )は，そのままはずす。**
$+(-3)=-3$

● −( )は，( )内の符号を変えてはずす。
$-(-3)=+3$

### ② $5-(-2)\times(-4)^2$ の計算

$$5-(-2)\times(-4)^2$$
$$=5-(-2)\times16$$
$$=5-(-32)$$
$$=5+32$$
$$=37$$

①**累乗**
②**乗法**
③**減法**

**合格テク**

計算順序は，累乗➡乗除➡加減の順

順序をまちがえると，結果がちがうぞ！
$5-(-2)\times(-4)^2$
$=7\times(-4)^2=112$（×）

### 積・商の符号は，負の数の個数で決まる

● **負の数が**偶数個 ⇨ ＋

$(-1)\times(-8)\times(-3)\div(-4)=6$
① ② ③ ④ ＋

● **負の数が**奇数個 ⇨ −

$(-6)\times(-2)\div(-3)=-4$
① ② ③ −

### 累乗の計算のきまり

▶**指数の位置に注意**

①$(-3)^2=(-3)\times(-3)=9$
−3全体を2乗する

②$-3^2=-(3\times3)=-9$
3を2乗する

計算順序と符号の扱いに注意して，ケアレスミスを防ごう！

学習日　　月　日

## STEP 1 基本の問題

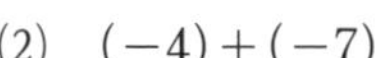


**1** 次の計算をしなさい。　8分

(1) $(+8)+(-6)$　　(2) $(-4)+(-7)$

(3) $(+3)+(-9)$　　(4) $(-10)+(+15)$

(5) $(-12)+0$　　(6) $(+2)-(-8)$

(7) $(-5)-(+5)$　　(8) $(-6)-(-3)$

(9) $(+4)-(+20)$　　(10) $0-(-7)$

**2** 次の計算をしなさい。

(1) $(+5)\times(-9)$　　(2) $(-8)\times(-3)$

(3) $(-2)\times(+15)$　　(4) $(-16)\times(-25)$

(5) $(-30)\div(-5)$　　(6) $(+72)\div(-6)$

(7) $(-56)\div(+4)$　　(8) $(-84)\div(-12)$

**3** 次の計算をしなさい。

(1) $7^2$　　(2) $(-3)^2$　　(3) ミス注意 $-5^2$

(4) $(-2)^3$　　(5) $(-1)^4$　　(6) $-4^3$

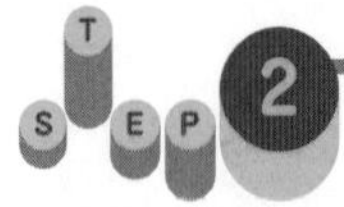

# STEP 2 合格力をつける問題

**1** 次の計算をしなさい。 10分

(1) $-8+6$

(2) $-12-15$

(3) $(-2.7)+(-1.9)$

(4) $4+(-3.8)$

(5) $6.5-(-5.6)$

(6) $7.5-10.4$

(7) $-\frac{5}{7}-\frac{3}{4}$

(8) $-\frac{5}{6}-\left(-\frac{7}{9}\right)$

符号を確認！

**2** 次の計算をしなさい。 10分

(1) $3-(-2)+(-1)$

(2) $-4+(-7)+5$

(3) $(-5)+7-(-4)-8$

(4) $6-5-(-9)+(-3)$

(5) $9-12-6+13$

(6) $-14+6-21+17$

(7) $-\frac{4}{3}-\frac{5}{6}-\left(-\frac{3}{4}\right)$

(8) $1-\frac{1}{2}+\frac{1}{4}-\frac{1}{8}$

**3** 次の計算をしなさい。 5分

(1) $(-4.1)\times 5$

(2) $\left(-\frac{7}{10}\right)\times\left(-\frac{5}{14}\right)$

(3) $\frac{5}{8}\div(-10)$

(4) $\left(-\frac{4}{3}\right)\div\frac{1}{12}$

(5) $\left(-\frac{24}{15}\right)\div\left(-\frac{8}{9}\right)$

**4** 次の計算をしなさい。 10分

(1) $7\times(-6)\div2$

(2) $(-12)\div3\times(-8)$

(3) $\left(-\frac{5}{2}\right)\div(-4)\times\left(-\frac{8}{5}\right)$

(4) $\frac{14}{15}\times\left(-\frac{9}{4}\right)\div\left(-\frac{7}{10}\right)$

(5) $3^2\times(-4)$

(6) $(-1)^3\times(-6)$

(7) $(-2)^2\times(-2^3)$

(8) $(-4^2)\times(-5)^2$

**5** 次の計算をしなさい。 15分

(1) $4-3\times(-5)$

(2) $-6+8\div(-2)$

(3) $-8+(-12-6)\div9$

(4) $5\times\{-3-(10-7)\}$

(5) $(-4)^2+(-1)^3\times2$

(6) $(-2)^2\div4-3\times(-5^2)$

(7) $-\frac{2}{3}-\frac{3}{4}\times\left(-\frac{1}{9}\right)$

(8) $(-2)^3-\left(-\frac{3}{2}\right)\div\frac{3}{4}$

(9) $-24\times\left(-\frac{1}{6}+\frac{3}{8}\right)$

(10) $3^2\times3.14-4^2\times3.14$

## ゆとりで合格の問題

答え:別冊14ページ

**1** 次の計算をしなさい。 10分

(1) $\{-3^2\times2+(-2)^3-4\times(-6)\}\div(-3)^2$

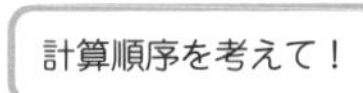


(2) $(-2)^2\times0.2+\{-1.3+(0.9-4.6)\times2\}$

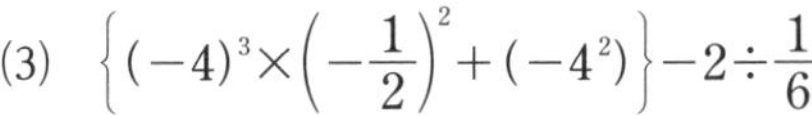

(3) $\left\{(-4)^3\times\left(-\frac{1}{2}\right)^2+(-4^2)\right\}-2\div\frac{1}{6}$

# 文字式

## 重要解法チェック!

### ① $3(5x+2)-2(3x-4)$ の計算

$$3(5x+2)-2(3x-4)$$

$$=3\times5x+3\times2-2\times3x-2\times(-4)$$

$$=15x+6-6x+8$$

同類項をまとめる

$$=9x+14$$

**合格テク**

−(　)をはずすときは注意！

$-2(3x-4)$ のかっこをはずすとき，うしろの項の符号の変え忘れに注意。

$-2(3x-4)=-6x-8$

### ② $\dfrac{2x-7}{3}+\dfrac{3x+5}{4}$ の計算

$$\frac{2x-7}{3}+\frac{3x+5}{4}$$

通分

$$=\frac{4(2x-7)+3(3x+5)}{12}$$

分子のかっこをはずす

$$=\frac{8x-28+9x+15}{12}$$

同類項をまとめる

$$=\frac{17x-13}{12}$$

**合格テク**

分母をはらってはダメ！

式の計算では，次のように分母をはらうことはできない。

$$\left(\frac{2x-7}{3}+\frac{3x+5}{4}\right)\times12$$

$$=4(2x-7)+3(3x+5)$$

## 文字で表す問題は，ことばの式をつくる

▶$a$ 点を1回，$b$ 点を2回とったときの平均点は何点ですか。

平均点＝**得点の合計**÷**回数**

$=(\boldsymbol{a+b\times2})\div3$　文字や数をあてはめる

$=(a+2b)\div3$　×をはぶく

$=\dfrac{a+2b}{3}$（点）　÷は分数の形に

**文字式の表し方**

- 記号×をはぶく
- **数を文字の前へ**
  $a\times2=2a$
- ÷は分数の形に
- 同じ文字の積は**累乗の形に**

文字式の計算では，係数やかっこのはずし方に注意しよう！

学習日　　月　日



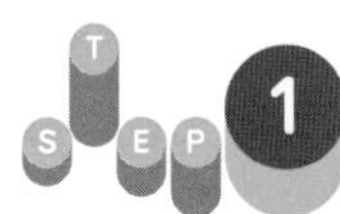

# 基本の問題

答え：別冊14ページ

**1** 次の□にあてはまる式を求めなさい。

(1) 男子 $a$ 人，女子 $b$ 人の学級全体の人数は，□（人）

(2) 縦（たて）の長さが 8 cm，横の長さが $b$ cm の長方形の面積は，□ $\mathrm{cm}^2$

(3) 1 本 $x$ 円のえんぴつ 6 本を買ったときの代金は，□円

(4) $x$ km の道のりを 2 時間かかって歩いたときの速さは，時速□km

**2** 次の計算をしなさい。

(1) $4a+9a$　　(2) $6x-5x$

(3) $-7x+3x$　　(4) $5a-a$

(5) $y-\dfrac{2}{5}y$　　(6) $8x+x-4x$

(7) $(-x)\times(-8)$　　(8) $(-10y)\div5$

(9) $(-6)\times\dfrac{3}{2}a$

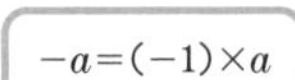


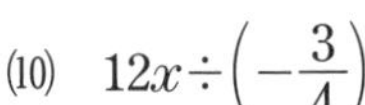

(10) $12x\div\left(-\dfrac{3}{4}\right)$

**3** $x=4$ のとき，次の式の値を求めなさい。

(1) $6x-7$　　(2) $8-3x$

(3) $-10+x^2$　　(4) $3-\dfrac{20}{x}$

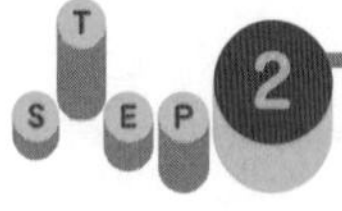

# STEP 2 合格力をつける問題

答え：別冊15ページ

**1** 次の□にあてはまる式を求めなさい。

5分

(1) 十の位が $x$，一の位が $y$ である2けたの整数は，□

(2) 上底が $a$ cm，下底が10 cm，高さが $h$ cm の台形の面積は，□ $\text{cm}^2$

(3) 定価 $x$ 円の品物を3割引きで買ったときの代金は，□円

(4) ミス注意 時速 $a$ km で，20分歩いたときの道のりは，□km

(5) $a$ m のテープを $b$ cm 使ったとき，残ったテープの長さは，□(cm)

**2** 次の計算をしなさい。

10分

(1) $5x-7-x+4$

(2) $a+5-8a-3$

(3) $\frac{3}{4}x-\frac{1}{6}+\frac{1}{2}x-\frac{5}{6}$

(4) $\frac{2}{5}y-3+\frac{1}{2}-y$

(5) $(2y+5)+(4y-2)$

(6) $2x-(7x+1)+9$

(7) $x-3-(3x-1)$

(8) $(-4a-5)-(-3a-5)$

**3** 次の計算をしなさい。

15分

(1) $5(2x+7)$

(2) $-8(3a-4)$

(3) $\frac{1}{2}(6a-8)$

(4) $\left(\frac{5}{6}y-\frac{3}{4}\right)\times(-12)$

(5) $(16x+4)\div(-4)$

(6) $(9y-15)\div\frac{3}{2}$

(7) ミス注意 $\frac{x-5}{6}\times18$

(8) $(-16)\times\frac{3a-6}{8}$

**4** 次の計算をしなさい。  10分

(1) $5x+3(x-4)$

(2) $3x-2(3x-2)$

(3) $4(2a-3)+5(a+2)$

(4) $-7(a-2)+3(2a-5)$

(5) $2(x-5)-6(-x+1)$

(6) $-3(2-5x)-5(3x-1)$

(7) $0.3(4x+5)+0.8(3x-2)$

(8) $1.5(6x-7)-0.6(7x-5)$

**5** 次の計算をしなさい。 6分

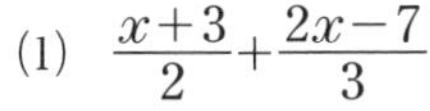

(1) $\dfrac{x+3}{2}+\dfrac{2x-7}{3}$

(2) $\dfrac{2x-3}{3}+\dfrac{3x+4}{5}$

(3) $\dfrac{3x+2}{2}-\dfrac{9x+7}{8}$

(4) $\dfrac{3x-5}{6}-\dfrac{2x-1}{4}$

**6** 次の式の値を求めなさい。  6分

(1) $x=-3$ のとき，$2x^3+3$ の値

(2) $a=-3$，$b=8$ のとき，$\dfrac{1}{2}ab-a$ の値

(3) $x=-4$，$y=2$ のとき，$x^2-3xy$ の値

## STEP 3 ゆとりで合格の問題

答え：別冊17ページ

**1** 次の計算をしなさい。 15分

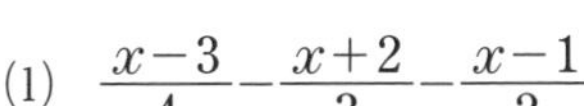

(1) $\dfrac{x-3}{4}-\dfrac{x+2}{3}-\dfrac{x-1}{2}$

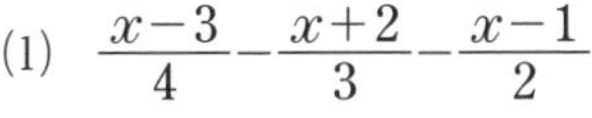

(2) $\dfrac{1}{3}(x-1)-2(x-1)-\dfrac{2}{3}x$

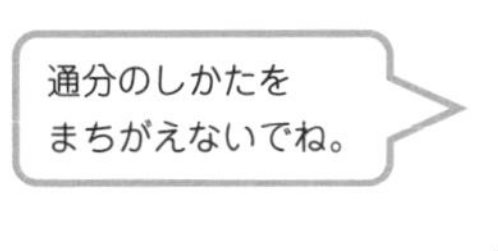

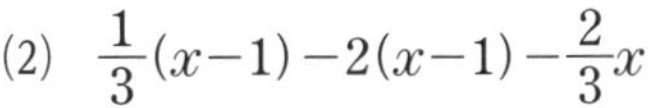

(3) $\dfrac{2(a+5)}{7}\times(-21)$

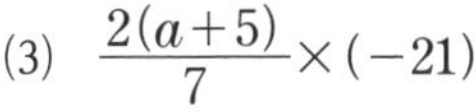

(4) $5x-\{x-3(1-2x)\}$

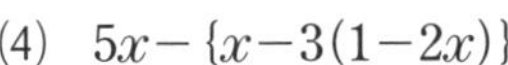

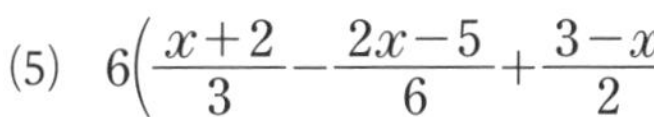

(5) $6\left(\dfrac{x+2}{3}-\dfrac{2x-5}{6}+\dfrac{3-x}{2}\right)$

# 6 方程式

## 重要解法 チェック！

### ① $7x-6=3x+14$ の解き方

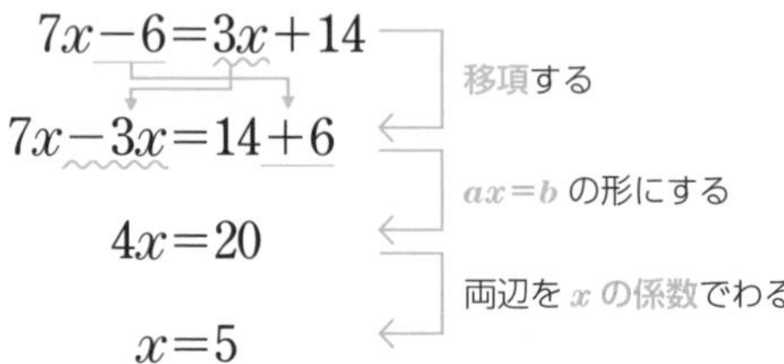

$$7x-6=3x+14$$

移項する

$$7x-3x=14+6$$

$ax=b$ の形にする

$$4x=20$$

両辺を $x$ の係数でわる

$$x=5$$

**合格テク**

移項するとき，符号を変え忘れるな！

$$7x-6=3x+14$$

$$7x-3x=14-6$$

符号を変えて移項！

### ② かっこがある方程式の解き方

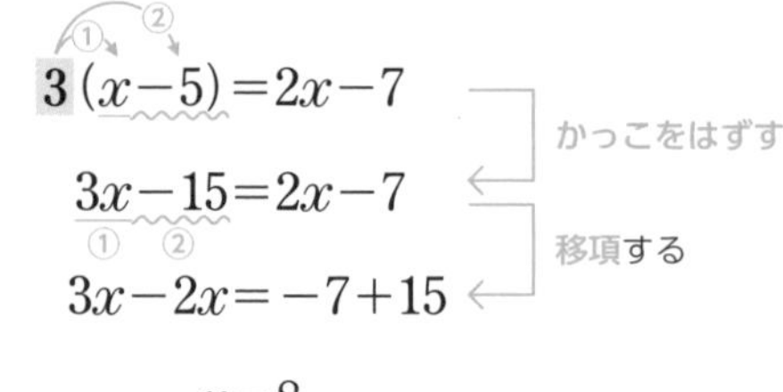

$$3(x-5)=2x-7$$

かっこをはずす

$$3x-15=2x-7$$

移項する

$$3x-2x=-7+15$$

$$x=8$$

**合格テク**

かっこのはずし方に注意！

$$a(b+c)=ab+ac$$

$$a(b-c)=ab-ac$$

＋(　)⇨ そのままで

－(　)⇨ 符号を変えて

## 小数係数のときは，10 倍，100 倍，…してから計算

▶ $2.8x+1.2=3.4x$ を解きなさい。

$$2.8x+1.2=3.4x$$

両辺を 10 倍

$$10(2.8x+1.2)=10\times3.4x$$

係数を整数に

$$28x+12=34x$$

$$28x-34x=-12$$

$$-6x=-12$$

$$x=2$$

あとは，
同じ解き方！

**計算のコツ**

小数点以下のけた数に着目せよ！

例　$0.45x+1.5=0.3x$

小数点以下が 2 けたで最大

両辺を 100 倍して，

$$45x+150=30x$$

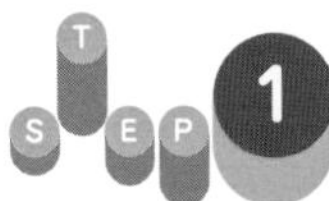

移項するときの符号のミスに注意し，
$ax=b$ の形にして解こう。

学習日　　月　日

# 1 基本の問題

答え：別冊17ページ

**1** 方程式を等式の性質を使って解きました。①，②で使った等式の性質を，右のア～エから選びなさい。また，そのときの $C$ にあたる数を答えなさい。ただし，$C>0$ とします。 5分

**等式の変形**

$A=B$ ならば，

ア　$A+C=B+C$

イ　$A-C=B-C$

ウ　$AC=BC$

エ　$\dfrac{A}{C}=\dfrac{B}{C}\ (C\neq 0)$

(1)
$3x+6=18$
　　①
$3x=12$
　　②
$x=4$

(2)
$\dfrac{1}{2}x-3=-7$
　　①
$\dfrac{1}{2}x=-4$
　　②
$x=-8$

**2** 次の値が解となる方程式を，㋐～㋒の中から1つ選びなさい。

(1) $x=3$

〔㋐　$-x+2=1$　　㋑　$3x-2=7$　　㋒　$2x-7=5-x$〕

(2) $a=-4$

〔㋐　$2a-5=-13$　　㋑　$4a+4=5a$　　㋒　$-6a=-24$〕

**3** 次の方程式を解きなさい。

(1) $x+5=12$　　(2) $x-9=14$

(3) $x+7=-4$　　(4) $-10+x=0$

(5) $-8+x=-2$　　(6) $x-6=-7$

(7) $6x=-18$　　(8) $-4x=-28$

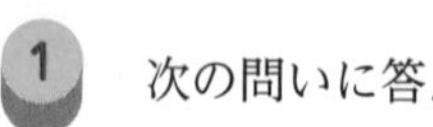

# 合格力をつける問題

答え：別冊18ページ

**1** 次の問いに答えなさい。

(1) 1，2，3，4のうち，方程式 $4x-3=x+9$ の解はどれですか。

(2) $-3$，$-2$，$-1$，0のうち，方程式 $2x+18=12-4x$ の解はどれですか。

**2** 次の方程式を解きなさい。

(1) $6x-1=2x+7$

(2) $4x+6=x-3$

(3) $5-7x=15-2x$

(4) $15-y=3-10y$

(5) $2t+5=3t-4$

(6) $7x+84=24-5x$

**3** 次の方程式を解きなさい。

(1) $4(x-1)=8$

(2) $5x-(7x+6)=0$

(3) $2x+3(x-9)=-2$

CHALLENGE チャレンジ! (4) $2(x-3)=3x+5$

(5) ミス注意 miss $4(2-3x)+5=13$

(6) $5(1-x)=-3(6x+7)$

**4** 次の方程式を解きなさい。 10分

(1) $0.6x-0.3=4.5$

(2) $0.4x-0.8=1.5x-3$

(3) $3x+1.6=1.8x-0.8$

(4) $0.23x-0.64=0.39x$

(5) $0.14x+0.7=0.28$

(6) $0.8x+1.23=1.5x-0.17$

**5** 次の方程式を解きなさい。　12分

(1) $\dfrac{x}{2}-\dfrac{5}{4}=\dfrac{x}{4}$

(2) $\dfrac{2}{3}x-1=\dfrac{1}{2}x$

(3) $\dfrac{7}{8}x+\dfrac{3}{4}=\dfrac{x}{2}-\dfrac{3}{4}$

(4) $x-\dfrac{4}{3}=-\dfrac{2}{5}x-6$

(5) $\dfrac{x}{6}-4=\dfrac{7}{2}+\dfrac{8}{3}x$

(6) $\dfrac{x-8}{10}=1-\dfrac{x}{5}$

(7) $\dfrac{x-2}{2}=\dfrac{2x-1}{3}$

(8) $\dfrac{2x+5}{3}=\dfrac{x-5}{4}$

次の方程式を解きなさい。

(1) $400x-1800=1000x$

(2) $80x=240(x-2)$

(3) $0.2(x-1)=3.2$

(4) $x-0.4=5.6(x-5)$

(5) $\dfrac{1}{3}(1+x)=-6$

(6) $\dfrac{1}{2}(x-3)=6+2x$

## ゆとりで合格の問題

次の方程式を解きなさい。　15分

(1) $-3(x-0.7)+0.4=-2.5x$

(2) $0.2(0.3x-0.4)=0.1$

(3) $2-\dfrac{x-4}{3}=0.5x$

(4) $\dfrac{2}{3}x-0.4(x-5)=0.1x$

(5) $(x-1):14=6:7$

(6) $(10-x):(x+2)=1:3$

(7) $4x-\dfrac{2x+6}{3}=2(x-3)$

(8) $\dfrac{7x-2}{3}-\dfrac{3x-1}{4}=-\dfrac{x-5}{12}$

(9) $3x-2\left(x-\dfrac{1-2x}{3}\right)=\dfrac{2x-1}{2}$

# 7 比例・反比例

## 重要解法 チェック！

### ① 比例の式の求め方

▶$y$ は $x$ に比例し，$x=8$ のとき $y=-16$ です。$y$ を $x$ の式で表しなさい。

$y$ が $x$ に比例するから，

式を $\boldsymbol{y=ax}$ とおく。

$-16=a\times8$ ← $x$，$y$ の値を代入

$a=-2$ ← 比例定数 $a$ を求める

したがって，$y=-2x$

**合格テク**

代入する文字をとりちがえるな！

$x=8$ のとき $y=-16$

$y=ax$

### ② 反比例の式の求め方

▶$y$ は $x$ に反比例し，$x=-3$ のとき $y=4$ です。$y$ を $x$ の式で表しなさい。

$y$ が $x$ に反比例するから，

式を $\boldsymbol{y=\frac{a}{x}}$ とおく。

$4=\frac{a}{-3}$ ← $x$，$y$ の値を代入

$a=-12$ ← 比例定数 $a$ を求める

したがって，$y=-\frac{12}{x}$

**合格テク**

比例定数 $a$ は，$xy=a$ を使っても OK！

$a=-3\times4=-12$

これを反比例の式にあてはめて，

$y=\frac{-12}{x}=-\frac{12}{x}$

**比例・反比例の性質を押さえておこう！**

**比例の性質**

① $x$ の値が 2 倍，3 倍，…になると，対応する $y$ の値も 2 倍，3 倍，…になる。

② $x\neq0$ のとき，$\frac{y}{x}$ の値は一定で，**比例定数**に等しい。

**反比例の性質**

① $x$ の値が 2 倍，3 倍，…になると，対応する $y$ の値は $\frac{1}{2}$ 倍，$\frac{1}{3}$ 倍，…になる。

② $x$ と $y$ の積 $xy$ は一定で，**比例定数**に等しい。

比例・反比例の式や性質，点の座標の表し方をマスターしておこう！

学習日　　月　日

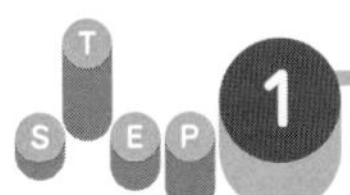


# 基本の問題

答え：別冊20ページ

**1** 次の㋐～㋒について，次の問いに答えなさい。

㋐ 12 km の道のりを時速 $x$ km で歩いたとき，かかった時間を $y$ 時間とする。

㋑ 12 km の道のりのうち $x$ km 歩いたとき，残りの道のりを $y$ km とする。

㋒ 時速 4 km で $x$ 時間歩いたときの道のりを $y$ km とする。

(1) それぞれ $y$ を $x$ の式で表しなさい。

(2) $y$ が $x$ に比例するもの，反比例するものを，それぞれ㋐～㋒の中から1つ選びなさい。

**2** 次の問いに答えなさい。

(1) 次の関数について，表の空欄(らん)にあてはまる数を求めなさい。

① $y=5x$

| $x$ | 0 | 1 | 2 | 3 | 4 |
|---|---|---|---|---|---|
| $y$ | | | | | |

② $y=\dfrac{12}{x}$

| $x$ | 1 | 2 | 3 | 4 | 6 |
|---|---|---|---|---|---|
| $y$ | | | | | |

(2) 次の関数について，$y$ を $x$ の式で表しなさい。

① $y$ は $x$ に比例し，比例定数は2です。

② $y$ は $x$ に反比例し，比例定数は6です。

**3** 右の図について，次の問いに答えなさい。

(1) 点Aの座標を答えなさい。

(2) 原点の座標を答えなさい。

(3) 座標が(0, 3)である点はどれですか。A～Fの中から1つ選びなさい。

(4) 点Eを右へ2だけ移動した点の座標を求めなさい。

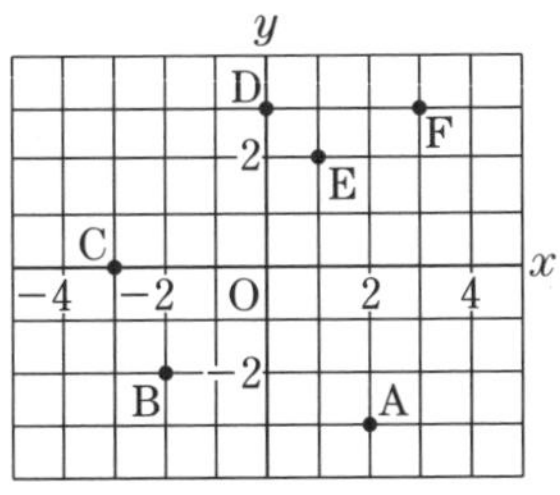

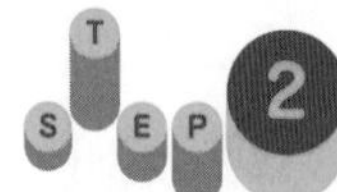

## STEP 2 合格力をつける問題

答え：別冊21ページ

**1** 次の問いに答えなさい。 10分

(1) $y$ は $x$ に比例し，$x=6$ のとき $y=18$ です。$y$ を $x$ の式で表しなさい。

(2) $y$ は $x$ に比例し，$x=-4$ のとき $y=12$ です。$x=5$ のときの $y$ の値を求めなさい。

(3) $y$ は $x$ に比例し，$x=-5$ のとき $y=-15$ です。$y=18$ のときの $x$ の値を求めなさい。

(4) $y$ は $x$ に反比例し，$x=6$ のとき $y=-5$ です。$y$ を $x$ の式で表しなさい。

(5) $y$ は $x$ に反比例し，$x=-4$ のとき $y=-14$ です。$x=8$ のときの $y$ の値を求めなさい。

(6) $y$ は $x$ に反比例し，$x=-3$ のとき $y=12$ です。$y=9$ のときの $x$ の値を求めなさい。

**2** 右の表は，変数 $x$，$y$ の関係を表しています。次の場合について，$y$ を $x$ の式で表し，空欄（らん）ア～ウにあてはまる数を求めなさい。 6分

(1) $y$ が $x$ に比例するとき

(2) $y$ が $x$ に反比例するとき

| $x$ | $-6$ | $-4$ | $1$ | ウ |
|---|---|---|---|---|
| $y$ | ア | $6$ | イ | $-12$ |

**3** 点(　　, $-1$)が，次の関数のグラフ上にあるとき，　　にあてはまる数を求めなさい。 5分

(1) 関数 $y=4x$

(2) 関数 $y=-\dfrac{8}{x}$

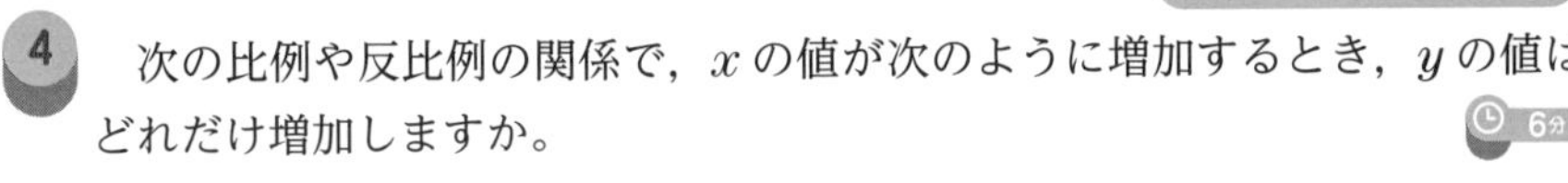

**4** 次の比例や反比例の関係で，$x$ の値が次のように増加するとき，$y$ の値はどれだけ増加しますか。 6分

(1) 比例の関係 $y=3x$ で，$x$ の値が $-1$ から 3 まで増加

(2) 比例の関係 $y=-\frac{2}{3}x$ で，$x$ の値が 6 から 12 まで増加

(3) 反比例の関係 $y=\frac{24}{x}$ で，$x$ の値が $-8$ から $-2$ まで増加

**5** 次の点の座標を求めなさい。

5分

(1) $x$ 軸について，点$(-3,\ 5)$と対称な点

(2) $y$ 軸について，点$(-4,\ -1)$と対称な点

(3) 原点 O について，点$(5,\ -2)$と対称な点

(4) 点$(1,\ -5)$を左へ 5 だけ移動し，さらに上へ 7 だけ移動した点

## STEP 3 ゆとりで合格の問題

答え：別冊22ページ

**1** 次の問いに答えなさい。

10分

(1) 2 点 A$(2,\ 5)$，B$(8,\ 1)$を結ぶ線分 AB の中点の座標を求めなさい。

(2) 2 点 C$(3,\ -3)$，D$(-1,\ -9)$を結ぶ線分 CD の中点の座標を求めなさい。

(3) 関数 $y=\frac{1}{2}x$ と関数 $y=\frac{a}{x}$ のグラフが，どちらも点$(b,\ 2)$を通るとき，$a$ の値を求めなさい。

(4) 点 P$(-4,\ 7)$を原点 O について対称な点に移動し，さらに，$x$ 軸について対称な点に移動した点の座標を求めなさい。

(5) $y$ は $x$ に比例し，$x=3$ のとき $y=-6$ です。また，$z$ は $y$ に反比例し，$y=4$ のとき $z=3$ です。$x=1$ のときの $z$ の値を求めなさい。

# 8 図 形

## 重要解法 チェック!

### ① 線対称な図形のかき方

直線 AB を対称の軸とする線対称な図形

❶各頂点から，対称の軸に垂直に交わる直線をひく。

❷対称の軸からの長さが等しくなるように，対応する点をとる。

❸各頂点を直線でつなぐ。

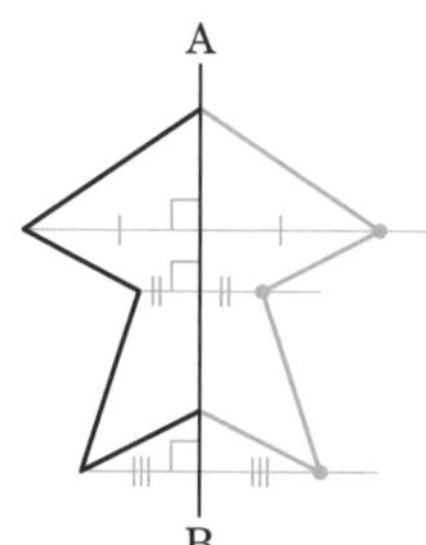


**合格テク**

**線対称な図形の性質**

対応する点を結ぶ直線は**対称の軸と垂直に交わり**，交点から対応する２点までの距離は等しい。

### ② 点対称な図形のかき方

点 O を対称の中心とする点対称な図形

❶各頂点から，対称の中心を通る直線をひく。

❷対称の中心からの長さが等しくなるように，対応する点をとる。

❸各頂点を直線でつなぐ。

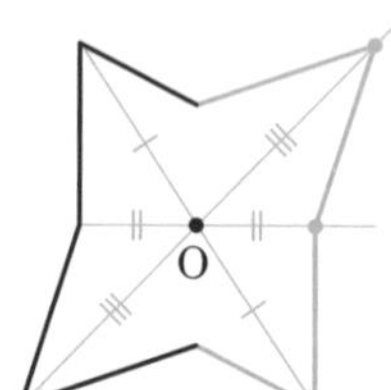


**合格テク**

**点対称な図形の性質**

対応する点を結ぶ直線は**対称の中心を通り**，対称の中心から対応する２点までの距離は等しい。

### 方眼を使った拡大図のかき方

△ABC を２倍に拡大した △DEF をかきなさい。

❶辺 BC の２倍の長さの６マス分の辺 EF をかく。

❷点 E から右へ２マス，上へ４マス進んだところに点 D をとる。

❸点 D と E，F をそれぞれつなぐ。

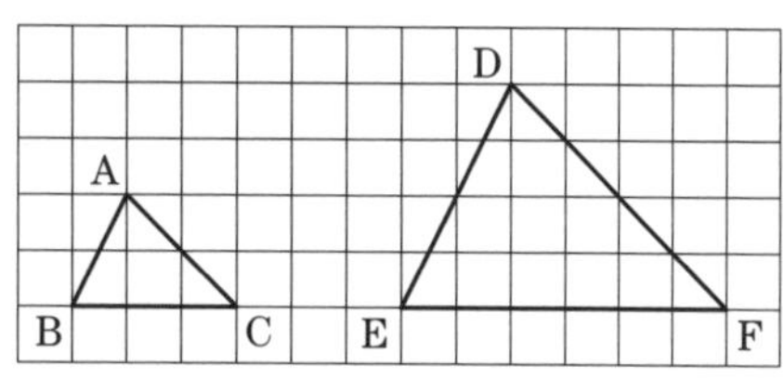

記号や用語の意味をしっかり理解して，使えるようにしておこう！

学習日　　月　日



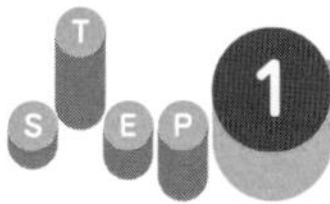


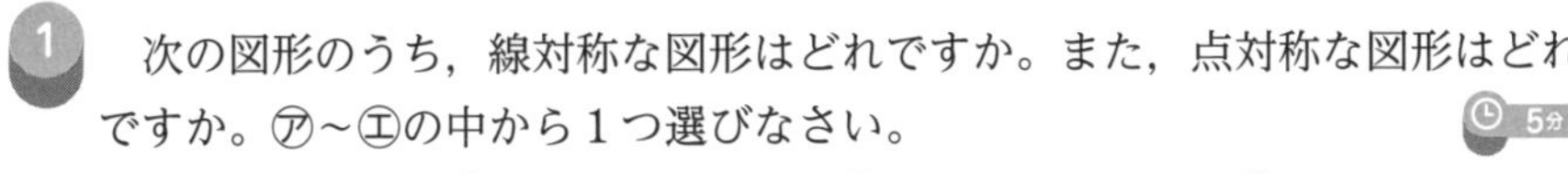

## 基本の問題

答え：別冊22ページ

**1** 次の図形のうち，線対称な図形はどれですか。また，点対称な図形はどれですか。㋐～㋓の中から1つ選びなさい。　5分

㋐ 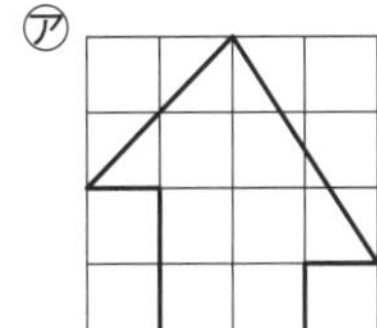

㋑ 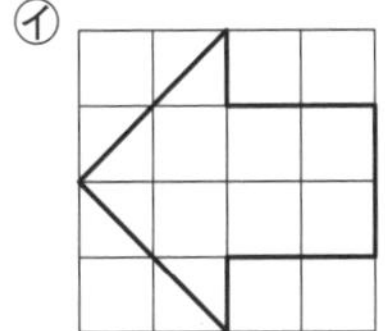

㋒ 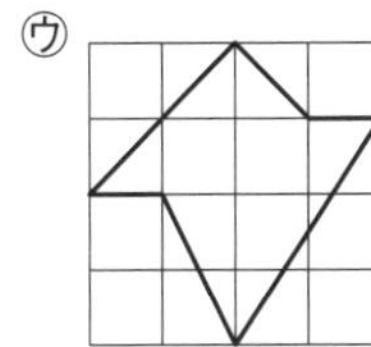

㋓ 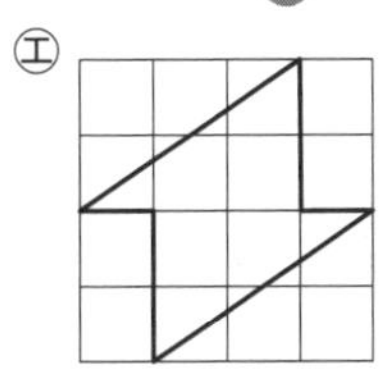

**2** 右の図について，次の問いに答えなさい。　

(1) ㋐の三角形の拡大図を，㋑～㋕の中から1つ選びなさい。

(2) ㋐の三角形の縮図を，㋑～㋕の中から1つ選びなさい。

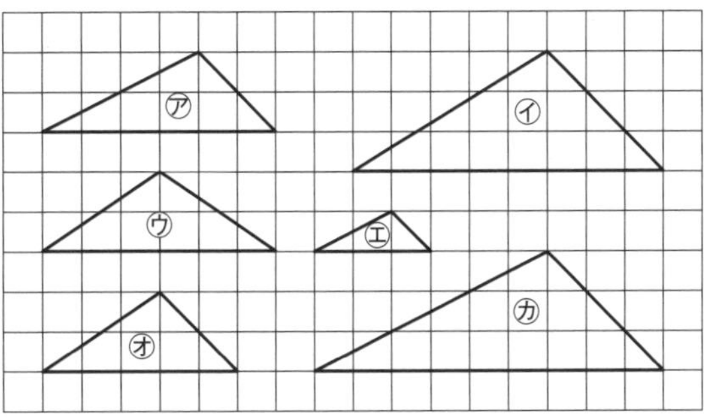


**3** 右の図の台形ABCDについて，次の問いに答えなさい。　5分

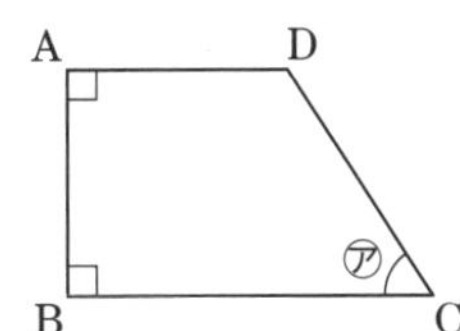


(1) ㋐の角を，記号を使って表しなさい。

(2) 辺ADと辺BCの関係を，記号を使って表しなさい。

(3) 辺ABと辺BCの関係を，記号を使って表しなさい。

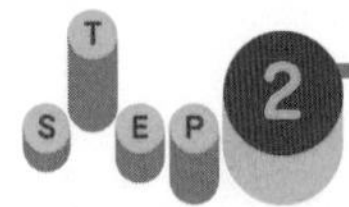

# STEP 2 合格力をつける問題

答え:別冊23ページ

## 1 次の問いに答えなさい。

(1) 右の図は，直線 $\ell$ を対称の軸とする線対称な図形の一部です。この図形が線対称な図形となるように，頂点B，C に対応する点の位置を決めます。頂点B，C に対応する点を，それぞれア～オの中から1つ選びなさい。

(2) 右の図は，点 O を対称の中心とする点対称な図形の一部です。この図形が点対称な図形となるように，頂点B，C に対応する点の位置を決めます。頂点B，C に対応する点を，それぞれア～オの中から1つ選びなさい。

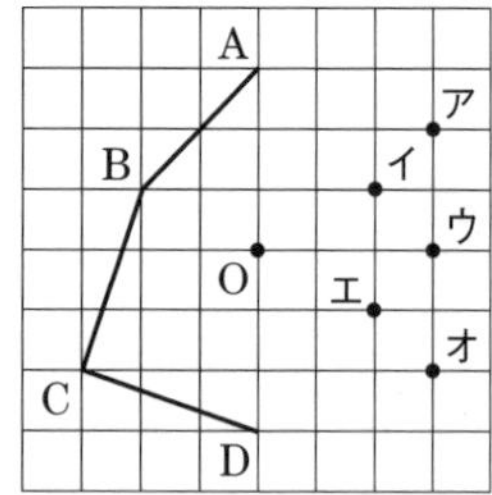


## 2 次の問いに答えなさい。

5分

(1) 右の図で，△DEF が △ABC の2倍の拡大図となるように，頂点Dの位置を決めます。頂点Dに対応する点を，ア～オの中から1つ選びなさい。

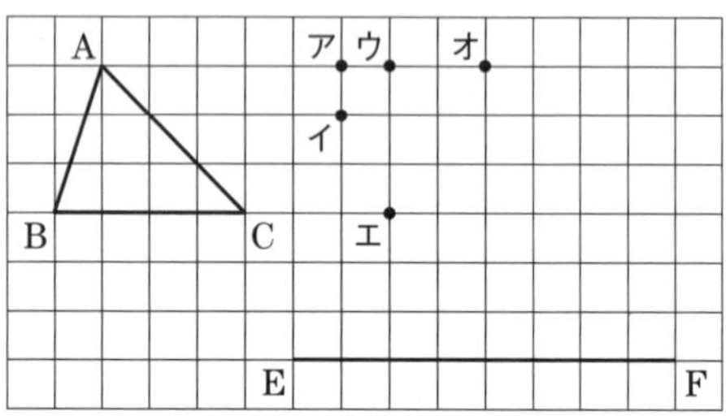


(2) 右の図で，四角形 EFGH が四角形 ABCD の$\frac{2}{3}$の縮図となるように，点E，H の位置を決めます。頂点E，H に対応する点を，それぞれア～オの中から1つ選びなさい。

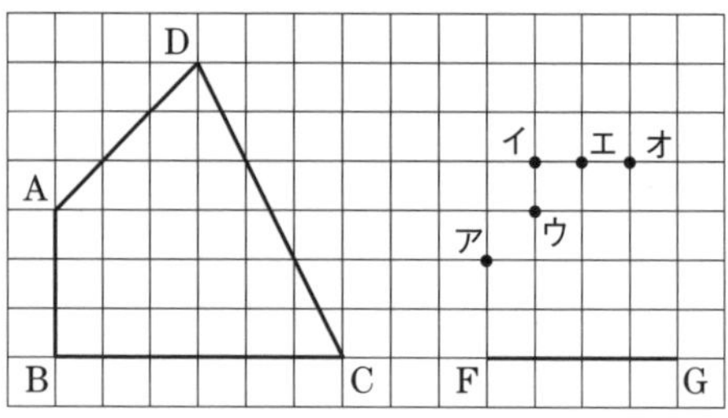

**3** 右の図で，△DEF は △ABC を矢印の方向に平行移動したものです。このときの移動の距離は何 cm ですか。ただし，方眼の 1 マスは 1 cm とします。 2分

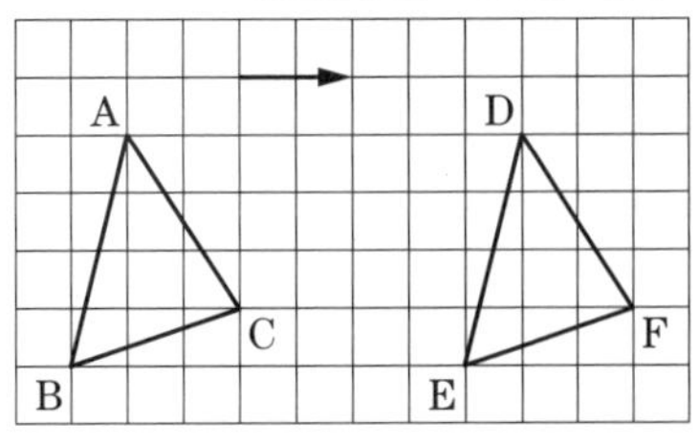


**4** 右の正六角柱について，次の問いに答えなさい。 10分

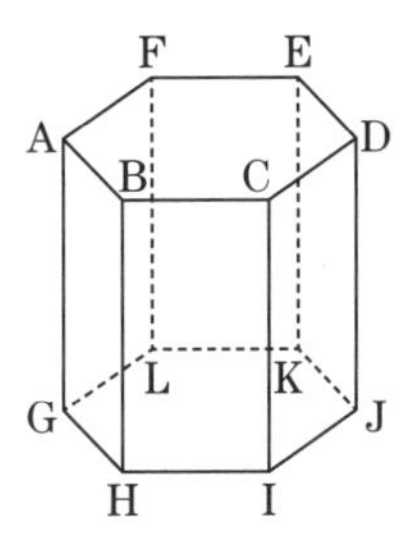


(1) 頂点の数，辺の数，面の数をそれぞれ答えなさい。

(2) 辺 AB と平行な辺は何本ありますか。

(3) 辺 AG と垂直に交わる辺は何本ありますか。

(4) 平行な面の組は何組ありますか。

## STEP 3 ゆとりで合格の問題

答え：別冊24ページ

**1** 正多面体について，下の表の空欄（らん）にあてはまる数やことばを答えなさい。

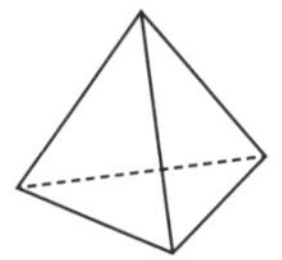
正四面体

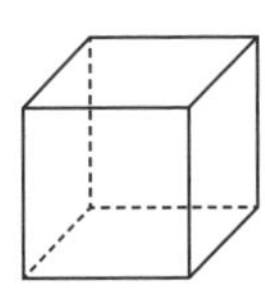
正六面体

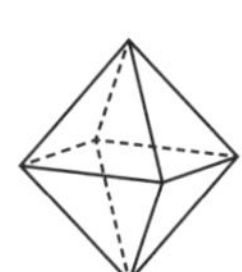
正八面体

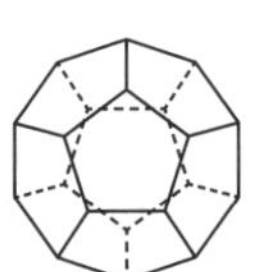
正十二面体

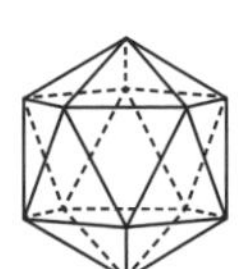
正二十面体

| | 正四面体 | 正六面体 | 正八面体 | 正十二面体 | 正二十面体 |
|---|---|---|---|---|---|
| 面の形 | 正三角形 | | | | |
| 頂点の数 | 4 | | | | |
| 辺の数 | 6 | | | | |
| 面の数 | 4 | | | | |

# データの活用

## 重要解法 チェック!

### 度数分布表やヒストグラムの見方

▶右の表とグラフは，あるクラスの生徒の体重を度数分布表とヒストグラムにまとめたものです。

①階級の幅は，40−35=5(kg)より，**5 kg** である。

②体重が 40 kg の生徒は，**40 kg 以上 45 kg 未満**の階級に入る。

③度数が最も多い階級は，**45 kg 以上 50 kg 未満**で，その度数は **17 人**

④50 kg 以上 55 kg 未満の階級の相対度数は，$\frac{5}{40}=0.125$

$$\text{相対度数}=\frac{\text{ある階級の度数}}{\text{度数の合計}}$$

**クラスの体重**

| 体重(kg) | 度数(人) |
|---|---|
| 以上　　未満 | |
| 35 ～ 40 | 6 |
| 40 ～ 45 | 10 |
| 45 ～ 50 | 17 |
| 50 ～ 55 | 5 |
| 55 ～ 60 | 2 |
| 合計 | 40 |

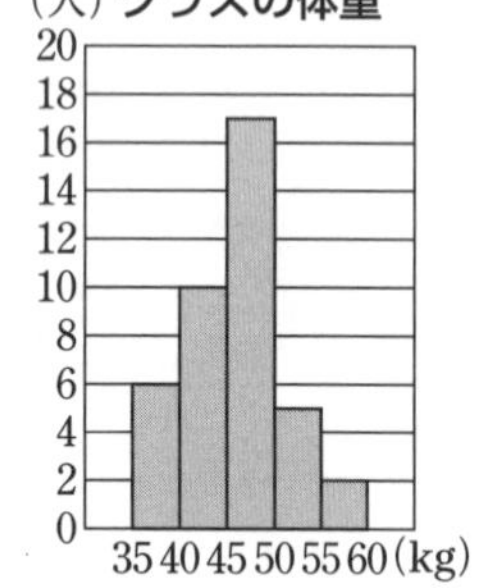


**平均値の求め方を押さえておこう！**

**①ふつうの求め方**

$$\text{平均値}=\frac{\text{資料の値の合計}}{\text{資料の個数}}$$

**②度数分布表からの求め方**

$$\text{平均値}=\frac{(\text{階級値}\times\text{度数})\text{の合計}}{\text{度数の合計}}$$

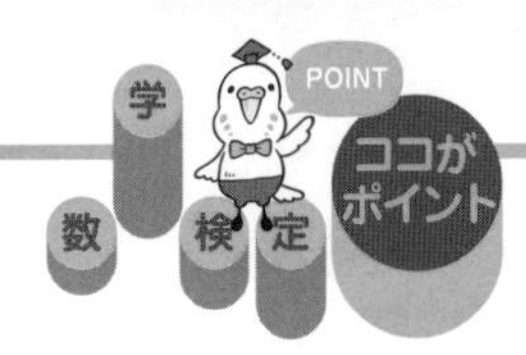


度数分布表の見方や，平均値，中央値，最頻値の求め方を理解しよう！

学習日　　月　日



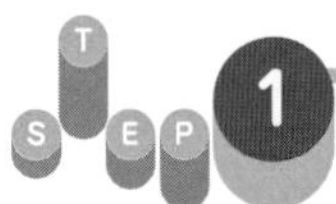


# 基本の問題

答え：別冊24ページ

**1** 右の表は，40人の男子生徒のハンドボール投げの記録について，度数分布表に整理したものです。次の問いに答えなさい。 10分

ハンドボール投げの記録

| 階級(m) | 度数(人) |
|---|---|
| 以上　未満<br>10 ～ 15 | 6 |
| 15 ～ 20 | 8 |
| 20 ～ 25 | 12 |
| 25 ～ 30 | 9 |
| 30 ～ 35 | 5 |
| 計 | 40 |

(1) 階級の幅は何mですか。

(2) 15m以上20m未満の階級の度数は何人ですか。

(3) 20m以上25m未満の階級の階級値は何mですか。

(4) 最も度数が大きいのは何m以上何m未満の階級ですか。

(5) 20m以上の生徒数は全体の何%ですか。

(6) 25m以上30m未満の階級の相対度数を求めなさい。

**2** 次の問いに答えなさい。

(1) 下の点数は，さやさんが受けたテストの結果です。平均点は何点ですか。
60点，72点，56点，85点，67点

(2) 下のデータについて，中央値を求めなさい。
1，3，3，4，4，5，7，7，9

(3) 下のデータについて，最頻値(さいひんち)を求めなさい。
2，3，4，4，5，6，6，6，7，8

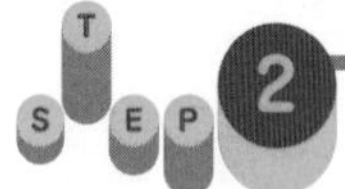


## 合格力をつける問題

答え：別冊25ページ

**1** 下のデータは，20 人の生徒の計算テスト(10 点満点)の得点です。平均値，中央値，最頻値のうち，最も大きいのはどれですか。

1，2，3，3，4，5，5，5，6，6，7，7，7，7，8，8，8，9，9，10

5分

**2** 右の表は，あるゲームに参加した 40 人の得点を，度数分布表に表したものです。次の問いに答えなさい。 15分

| 得点(点) | 階級値(点) | 度数(人) | 階級値×度数 |
|---|---|---|---|
| 以上　未満 | | | |
| 0 ～ 20 | 10 | 2 | ③ |
| 20 ～ 40 | ① | 4 | 120 |
| 40 ～ 60 | 50 | 13 | ④ |
| 60 ～ 80 | ② | 15 | 1050 |
| 80 ～100 | 90 | 6 | 540 |
| 合計 | | 40 | ⑤ |

(1) 最頻値を求めなさい。

(2) 表の①～⑤にあてはまる数を求めなさい。

(3) 得点の平均値を求めなさい。

## ゆとりで合格の問題

答え：別冊25ページ

**1** 右の表は，ある中学校の 1 年生女子の 50 m 走の記録を度数分布表にまとめたものです。表の $a$，$b$ の値を求めなさい。

5分

| 階級(秒) | 度数(人) | 相対度数 |
|---|---|---|
| 以上　未満 | | |
| 7.5 ～ 8.0 | 4 | 0.1 |
| 8.0 ～ 8.5 | 12 | 0.3 |
| 8.5 ～ 9.0 | $a$ | $b$ |
| 9.0 ～ 9.5 | 8 | 0.2 |

**2** 右の表は，あるクラスの小テストの得点と人数を表したものです。次の問いに答えなさい。

| 得点(点) | 4 | 5 | 6 | 7 | 8 | 9 | 10 |
|---|---|---|---|---|---|---|---|
| 人数(人) | 2 | 4 | 10 | 8 | 6 | 3 | 2 |

(1) 平均値を，四捨五入して小数第 1 位まで求めなさい。

(2) 最頻値を求めなさい。

(3) 中央値を求めなさい。

# 第2章

# 数理技能検定［次］

## 【対策編】

# 1 数に関する問題

## ☆基本の確認

### 『これだけは』チェック! 数に関する重要事項

| | |
|---|---|
| ①偶数と奇数 | **偶数**…2でわり切れる整数。 例 0, 2, 4, 6, …<br>**奇数**…2でわり切れない整数。 例 1, 3, 5, 7, … |
| ②倍数と公倍数 | **倍数**…ある数に整数をかけてできる数がその数の倍数。<br>例 3の倍数⇨ 3×1=3, 3×2=6, 3×3=9, …<br>**公倍数**…いくつかの整数に共通な倍数。<br>例 2と3の公倍数⇨ 6, 12, 18, 24, 30, …<br>**最小公倍数**…公倍数のうちで，いちばん小さい数。<br>例 2と3の最小公倍数⇨ 6 |
| ③約数と公約数 | **約数**…ある数をわり切ることができる整数がその数の約数。<br>例 6の約数⇨ 6÷1=6, 6÷2=3, 6÷3=2, 6÷6=1<br>**公約数**…いくつかの整数に共通な約数。<br>例 6と9の公約数⇨ 1, 3<br>**最大公約数**…公約数のうちで，いちばん大きい数。<br>例 6と9の最大公約数⇨ 3 |
| ④絶対値 | **絶対値**…数直線上で，ある数に対応する点と原点との距離。<br>例 +3の絶対値⇨ 3, −3の絶対値⇨ 3 |
| ⑤素数と素因数分解 | **素数**…1とその数自身のほかに約数がない自然数。<br>**素因数分解**…自然数を素因数の積で表すこと。<br>例 60の素因数分解⇨ $60=2^2×3×5$ |

▶次の [　] にあてはまるものを入れなさい。 （解答は右下）

### 1 偶数と奇数

① 右の [　] の整数のうち，偶数は，
[　], [　], [　], [　], [　]

② 右の [　] の整数のうち，奇数は，
[　], [　], [　], [　], [　]

| | | | | |
|---|---|---|---|---|
| 0 | 13 | 27 | 32 | 40 |
| 55 | 68 | 71 | 89 | 96 |

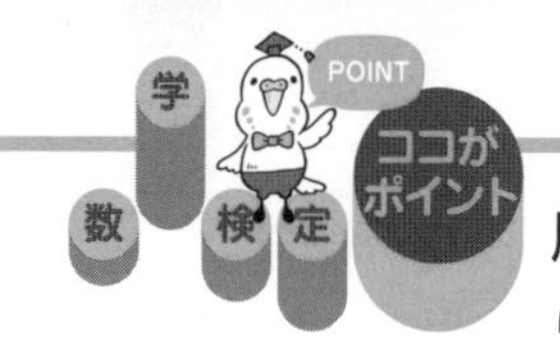


用語の意味をしっかり理解して，それらの数を求められるようになろう！

学習日
月　日



## ❷倍数と公倍数

① 4の倍数は，小さいほうから順に，4，8，[　　]，[　　]，[　　]，…

② 5の倍数は，小さいほうから順に，5，[　　]，[　　]，[　　]，…

③ 4と5の公倍数は，小さいほうから順に，[　　]，[　　]，[　　]，…

## ❸約数と公約数

① 9の約数は，小さいほうから順に，1，[　　]，[　　]

② 15の約数は，小さいほうから順に，1，[　　]，[　　]，[　　]

③ 9と15の公約数は，小さいほうから順に，[　　]，[　　]

## ❹絶対値

絶対値が3より小さい整数は全部で[　　]個ある。

## ❺素数と素因数分解

180を，次の手順で素因数分解します。

① [　　]にあてはまる数を書きなさい。

② 180を素因数分解しなさい。

```
[　　]) 180
[　　])  90
[　　])  45
[　　])  15
        [　　]
```

❶① 0，32，40，68，96　② 13，27，55，71，89　❷① 12，16，20
② 10，15，20　③ 20，40，60　❸① 3，9　② 3，5，15　③ 1，3　❹ 5
〔コーチ −2，−1，0，+1，+2〕　❺① 2，2，3，3，5　② $180=2^2\times3^2\times5$

# ☆実戦解法テクニック

## 例題❶ 文章題→求めるもの，単位を確認！

5 m のテープを，4 人の子どもが 60 cm ずつ使うと，残りは何 m ですか。

**解法** 求めるものは，残りの長さ。
答えは m で求めるのだから，
60 cm＝0.6 m ← 1 m＝100 cm
したがって，残りの長さは，
5－0.6×4＝**2.6(m)** ←答

図解 図やことばの式で表す

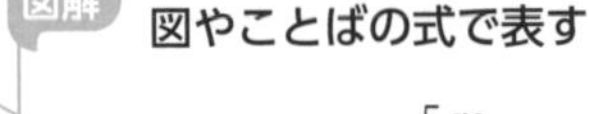


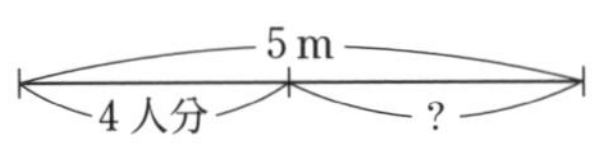


## 例題❷ 公約数の問題→最大公約数に注目！

あめが 8 個，ガムが 12 個あります。それぞれを，余りなく同じ数ずつ，できるだけ多くの子どもに分けようと思います。何人に分けられますか。

**解法** 8 個を分けることができるのは，8 の約数，
12 個を分けることができるのは，12 の約数。

**8 の約数** ⇨①，②，④，8
**12 の約数** ⇨①，②，3，④，6，12

子どもの人数は，○印をつけた数(公約数)が考えられる。そのうち最大のものを求めるのだから，4 で，**4 人** ←答

参考 計算で求める方法

同じ数でわる

```
2) 8 12
2) 4  6
   2  3
```

8÷2 の商を書く

8 と 12 の最大公約数は，
2×2＝4

## 例題❸ 公倍数の問題→最小公倍数に注目！

1 から 40 までの整数について，3 の倍数であり，4 の倍数でもある整数をすべて答えなさい。

**解法** **3 の倍数** ⇨3，6，9，⑫，…
**4 の倍数** ⇨4，8，⑫，16，…
だから，3 と 4 の最小公倍数は 12
**公倍数**は**最小公倍数の倍数**だから，
求める整数は，
**12，24，36** ←答

■数直線で確認しよう！

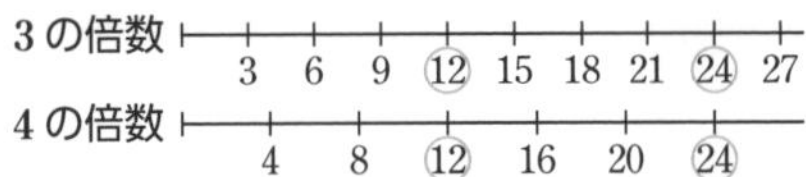

# 1 基本の問題

答え：別冊26ページ

**1** 次の問いに答えなさい。 5分

(1) 0.01 を 37 個集めた数はいくつですか。小数で答えなさい。

(2) 1.84 は，$\frac{1}{100}$ を何個集めた数ですか。

(3) 重さが $1\frac{2}{3}$ kg の品物を，$\frac{2}{9}$ kg の箱に入れます。全体では何 kg になりますか。

(4) たけしさんの家では，$2\frac{11}{12}$ L あった牛乳のうち，朝 $\frac{1}{2}$ L，夜 $\frac{1}{4}$ L 飲みました。残りは何 L ですか。

(5) 10 kg の小麦粉が入っている袋から，500 g 入るカップで 15 杯使いました。袋には，小麦粉が何 kg 残っていますか。

**2** ノートが 12 冊，えんぴつが 18 本あります。それぞれを，同じ数ずつ何人かの子どもに，余りなく配ります。次の問いに答えなさい。 5分

(1) ノートは，何人に配れますか。すべて答えなさい。

(2) えんぴつは，何人に配れますか。すべて答えなさい。

(3) ノートとえんぴつを合わせて配るとき，最も多くて何人に配れますか。

**3** 次の問いに答えなさい。 5分

(1) 4 と 6 の最小公倍数はいくつですか。

(2) 1 から 100 までの整数の中に，4 の倍数でもあり，6 の倍数でもある整数は，何個ありますか。

**4** 次の数を素因数分解しなさい。 5分

(1) 105　　　(2) 200

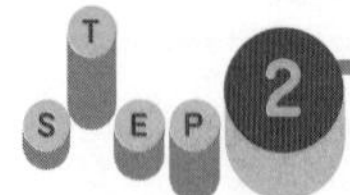

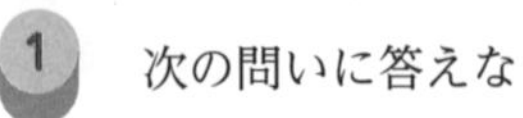

## 合格力をつける問題

答え：別冊26ページ

**1** 次の問いに答えなさい。 5分

(1) 長い縄から，縄跳び用の縄を，けい子さんが $1\frac{3}{4}$ m，あゆみさんが $2\frac{1}{5}$ m だけ切り取ったら，残りが $1\frac{1}{2}$ m ありました。縄は，はじめに何 m ありましたか。

(2) あや子さんは，数学を $\frac{2}{3}$ 時間，国語を 45 分間勉強しました。合わせて何時間勉強しましたか。分数で答えなさい。

**2** みかんが 36 個，りんごが 24 個あります。それぞれを同じ数ずつ，できるだけ多くの子どもに，余りなく分けようと思います。
次の問いに答えなさい。 5分

(1) 何人の子どもに分けられますか。

(2) 1 人分のみかんとりんごは，それぞれ何個ですか。

**3** 縦(たて) 8 cm，横 12 cm の長方形のカードを，同じ向きに，すき間なく並べて，できるだけ小さい正方形を作りたいと思います。次の問いに答えなさい。

(1) 正方形の 1 辺の長さは何 cm になりますか。

(2) 長方形のカードは何枚必要ですか。

**4** 次の問いに答えなさい。

(1) まさるさんは，3÷1.5 の計算を次のようにくふうして答えを求めました。

$3\div1.5=(3\times10)\div(1.5\times10)=30\div15=2$

同じようにくふうして，18÷4.5 を途中の式も書いて計算しなさい。

(2) ある整数を 86 でわったら，商が 13 で余りが出ました。この数は，いくつ以上いくつ未満ですか。

**5** 下の表は，のりおさんが受けた5教科の試験の点数を80点を基準にして，80点より高いときはその差を正の数で，低いときはその差を負の数で表しています。このとき，次の問いに答えなさい。 6分

| 教科 | 国語 | 社会 | 数学 | 理科 | 英語 |
|---|---|---|---|---|---|
| 基準との差(点) | +3 | −5 | +5 | −2 | −6 |

(1) 社会の点数は何点ですか。

(2) 数学の点数は英語の点数より何点高いですか。

(3) 5教科の平均点は何点ですか。この問題は計算の途中の式と答えを書きなさい。



**6** 150にできるだけ小さい自然数をかけて，ある自然数の2乗になるようにします。かける自然数を求めなさい。 5分

**7** 右の表で，縦，横，ななめのどの4つの数の和も等しくなるようにしたいと思います。表のア～キにあてはまる数を求めなさい。 10分

| | | | |
|---|---|---|---|
| −6 | ア | イ | −3 |
| 5 | 0 | ウ | 2 |
| エ | 4 | 3 | オ |
| カ | キ | −4 | 9 |

## STEP 3 ゆとりで合格の問題

答え：別冊28ページ

**1** 次の問いに答えなさい。 10分

(1) ミス注意 miss 縦32 m，横56 mの長方形の土地があります。この土地の周囲に等間隔(かんかく)に木を植えます。4すみには必ず植えることにすると，最も少なくて何本の木が必要ですか。

(2) ある整数があります。この整数に小数点をつけて，小数第1位までの数にしたところ，もとの整数より32.4小さくなりました。もとの整数を求めなさい。

# 割合，比，速さの問題

## ☆基本の確認

### 「これだけは」チェック！ 数量の求め方・数量関係の表し方

| | |
|---|---|
| ①割　合 | 割合＝比べられる量÷もとにする量（もとにする量を1とみる）<br>〔割合の表し方〕1％ ⇨ $\frac{1}{100}$（0.01），1割 ⇨ $\frac{1}{10}$（0.1）<br>例 5Lを1とした4Lの割合 ⇨ 4÷5＝0.8，80％，8割 |
| ②比の性質 | 比の両方の数に**同じ数をかけても**，両方の数を**同じ数でわっても，比は等しい。**<br>例 0.7：1.2＝(0.7×10)：(1.2×10)＝7：12 |
| ③速　さ | 速さ＝道のり÷時間　　**道のり＝速さ×時間**<br>**時間＝道のり÷速さ**<br>例 2時間で80 km走る車の時速 ⇨ 80÷2＝40より，時速40 km |

▶次の □ にあてはまるものを入れなさい。　（解答は右下）

### ❶割　合

① 7mを1とするとき，3mの割合を分数で表すと，□

② 40人を1とするとき，60人の割合を小数で表すと，□

③ 25gをもとにした，18gの割合を小数で表すと，□

④ 3割8分を小数で表すと，□

⑤ 0.64を百分率で表すと，□％

⑥ 5mの40％は，5×□＝□(m)

割合は，分数，小数，百分率，歩合で表せたね。

もとにする量や単位をしっかり確認して考えよう。

学習日　月　日

## ❷比

① 男子 19 人と女子 17 人の人数の比は，□と表す。

② 8：3 の比で，もとにする量は，□

③ 2：5 の比の値を求めると，□

④ 14：12 の比を簡単にするには，14 と 12 をそれぞれ□でわって，
□：□

⑤ $\frac{5}{6}$：$\frac{1}{2}$ の比を簡単にするには，通分して，$\frac{5}{6}$：$\frac{3}{6}$＝□：□

## ❸速さ・道のり・時間

① 1 時間＝□分，1 分＝□秒，1 km＝□m

② $\frac{1}{2}$時間＝□分，$\frac{1}{3}$時間＝□分
$\frac{1}{4}$時間＝□分，$\frac{1}{6}$時間＝□分

③ 15 km の道のりを 3 時間で進むときの速さは，時速□km

④ 時速 4 km で 2 時間歩くと，□km 進む。

⑤ 30 km の道のりを時速 10 km で進むと，かかる時間は，□時間

❶①$\frac{3}{7}$　②1.5　③0.72　④0.38　⑤64　⑥0.4，2　❷①19：17　②3〔コーチ 比べられる量：もとにする量で表す。〕　③$\frac{2}{5}$〔コーチ $a$：$b$ の比の値は，$a÷b=\frac{a}{b}$〕　④2，7，6　⑤5，3　❸①60，60，1000　②30，20，15，10〔コーチ $\frac{1}{6}$時間は，$60×\frac{1}{6}=10$(分)〕　③5　④8　⑤3

❷次 数理技能

# ★実戦解法テクニック

## 例題① 割合の問題→もとにする量を押さえよう！

つとむさんの家では，去年りんごが 800 kg 取れました。今年は豊作で，去年の 1.2 倍取れました。今年の取れ高は，何 kg ですか。

**解法** 今年は去年の 1.2 倍だから，
去年の量をもとにしている。

**比べられる量＝もとにする量×割合**
だから，

800×1.2＝**960 (kg)** ←答

■もとにする量が B のとき，次のような表し方がある
- A の B に対する割合は $p$
- B に対する A の割合は $p$
- A は B の $p$ にあたる。
- A は B の $p$ 倍

## 例題② 比の問題→図に表して考えよう！

色紙 24 枚を，姉と妹の 2 人で分けます。姉と妹の比が 2：1 になるとき，姉は何枚もらえますか。

**解法** 図に表すと，下のようになる。

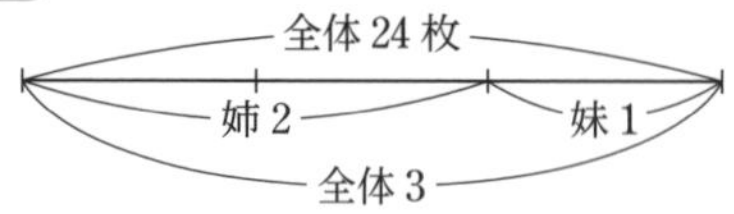


姉の分は，全体の $\frac{2}{3}$ だから，

$24\times\frac{2}{3}=$**16 (枚)** ←答

**参考 別の解き方**

●姉の枚数を $x$ 枚とすると，

$2:3=x:24$ （8 倍）

$x=2\times8=16$ (枚)

●妹の枚数を $x$ 枚とすると，

$2x+x=24$

これを解いて，$x=8$

姉は，$2x=2\times8=16$ (枚)

## 例題③ 速さ・時間・道のり→単位に注意をはらう！

時速 3 km の速さで 12 km の道のりを歩くには，何時間かかりますか。

**解法** 下のような図を使って，求める**時間**を押さえると，
道のり÷速さの公式が出てくるので，

12÷3＝**4 (時間)** ←答

時間を押さえる

■同じようにして，
**道のり**を押さえる
→速さ×時間
**速さ**を押さえる
→道のり÷時間
が出てくる。

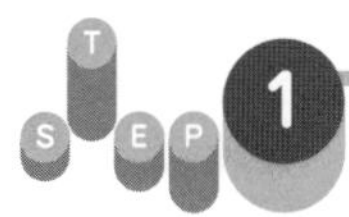

# 基本の問題

答え：別冊28ページ

1 次の問いに答えなさい。  5分

(1) 野球部員 30 人のうち，1 年生は 12 人です。部員全体の人数をもとにした，1 年生の割合を小数で表しなさい。

(2) 20 L 入りの容器に，石油が 7 L 残っています。残りの石油の，容器全体に対する割合は何％ですか。

(3) 面積が 72 $m^2$ の庭の $\frac{4}{9}$ に芝生（しばふ）を植えました。芝生を植えた面積は何 $m^2$ ですか。

(4) ひとみさんの学級は 40 人で，そのうち 30 ％の人に虫歯があります。虫歯のある人は何人ですか。

2 弟の体重は 42 kg，兄の体重は 54 kg です。次の問いに答えなさい。  5分

(1) 弟の体重と兄の体重の比を，最も簡単な整数の比で表しなさい。また，その比の値を求めなさい。

(2) 弟の体重は，兄の体重の何倍ですか。

3 縦（たて）と横の長さの比が 3：4 の旗を作ります。縦の長さを 15 cm にするとき，次の問いに答えなさい。 5分

(1) 横の長さは，縦の長さの何倍ですか。

(2) (1)の割合を使って，横の長さを求めなさい。

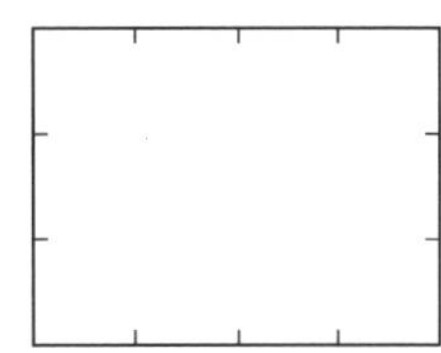

4 次の問いに答えなさい。  5分

(1) 急行列車が時速 80 km で走っています。3 時間走ると，何 km 進みますか。

(2) けんたさんは，360 m の道のりを 5 分で歩きました。1 分間あたり何 m 歩きましたか。

(3) 時速 45 km の自動車で，180 km の道のりを走ると，何時間かかりますか。

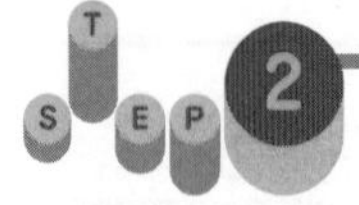

# 合格力をつける問題

答え：別冊29ページ

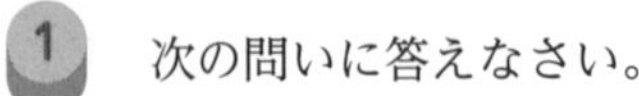

**1** 次の問いに答えなさい。

6分

(1) ゆうじさんの弟が，80 題の計算問題を解いたところ，正答率(全体に対する正解の割合)が 95 %でした。まちがえたのは何題ですか。

(2) ゆかりさんは，600 円のハンカチを買いました。ハンカチの代金は，持っていたお金の $\frac{2}{5}$ にあたります。持っていたお金は何円でしたか。

(3) けんやさんはスーパーマーケットに買い物に行きました。ちょうどタイムセールを行っていました。定価 480 円の弁当(べんとう)が 10 %引きで売られていました。このとき，弁当は何円ですか。ただし，消費税(しょうひぜい)は値段に含まれているので，考える必要はありません。

**2** 次の問いに答えなさい。

8分

(1) ミス注意 駅へ行くのに，分速 240 m の自転車で $\frac{1}{4}$ 時間走って着きました。何 km 走りましたか。

(2) 50 m を 8 秒で走った A 君と，80 m を 12.5 秒で走った B 君とでは，どちらが速いですか。

(3) 自動車が時速 60 km で走っています。この自動車の速さは分速何 km ですか。

(4) ハイキングで，15.3 km の道のりを歩きます。時速 3.6 km で歩くとすると，何時間何分かかりますか。

**3** ビー玉 60 個を，兄と弟の 2 人で分けます。次の問いに答えなさい。

6分

(1) 兄が 28 個，弟が 32 個になるように分けるとき，兄と弟の個数の比を，最も簡単な整数の比で表しなさい。

(2) 兄と弟の比が 3：2 になるように分けるとき，兄の分は何個になりますか。

(3) 兄が弟の $\frac{1}{3}$ になるように分けるとき，兄と弟の分はそれぞれ何個になりますか。

**4** 自由研究で海水を煮詰めて塩をとり出す実験をしたところ，1 L の海水から 24.5 g の塩がとれました。次の問いに答えなさい。 5分

(1) 3.6 L の海水からは何 g の塩がとれますか。

(2) 735 g の塩をとり出すためには，海水は何 L 必要ですか。



**5** ある文房具店では，A，B，C の 3 種類のノートのセットが売られています。それぞれのノートの冊数と値段は右の表のとおりです。ノート 1 冊あたりの値段がもっとも安いのは，どのセットですか。また，そのセットのノート 1 冊あたりの値段は何円ですか。

| セット | 冊数 | 値段 |
|---|---|---|
| A | 3 冊 | 585 円 |
| B | 5 冊 | 875 円 |
| C | 10 冊 | 1450 円 |

**6** ボールをいろいろな高さから体育館の床にそっと落として，はね上がる高さについて調べました。その結果，このボールは落とした高さの$\frac{3}{5}$倍の高さまではね上がることがわかりました。次の問いに答えなさい。 10分

(1) このボールを $1\frac{1}{9}$ m の高さから床に落としたとき，はね上がる高さは何 m ですか。

(2) このボールをある高さから床に落としたとき，$2\frac{1}{4}$ m の高さまではね上がりました。ボールを落とした高さは何 m ですか。

## STEP 3 ゆとりで合格の問題

答え：別冊30ページ

**1** 次の問いに答えなさい。 5分

(1) 水そうに水を入れるのに，A の管 1 本では 12 分，B の管 1 本では 24 分でいっぱいになります。A の管と B の管を 1 本ずつ同時に使うと，何分で水そうはいっぱいになりますか。

(2) P 町と Q 町の間を自動車で往復しました。行きは時速 40 km，帰りは時速 60 km でした。自動車の往復の平均の速さは，時速何 km ですか。

# 3 方程式の問題

## ☆基本の確認

### 『これだけは』チェック! 基本的な数量関係

| | |
|---|---|
| ①代　金 | 代金＝1個の値段×個数<br>例 1個100円の品物 $a$ 個の代金 ⇨ $100\times a=100a$(円) |
| ②速　さ | 速さ＝道のり÷時間　　**道のり＝速さ×時間**<br>**時間＝道のり÷速さ**<br>例 $x$ kmの道のりを時速4 kmで歩いたときにかかる時間<br>⇨ $x\div 4=\frac{x}{4}$(時間) |
| ③割　合 | $\boldsymbol{a}$**%** ⇨ $\frac{\boldsymbol{a}}{100}$ **または，0.01**$\boldsymbol{a}$　$\boldsymbol{a}$ **割** ⇨ $\frac{\boldsymbol{a}}{10}$ **または，0.1**$\boldsymbol{a}$ |
| ④食塩水 | 食塩の重さ＝食塩水の重さ×濃度<br>例 $x$ %の食塩水200 gに含まれる食塩の重さ<br>⇨ $200\times\frac{x}{100}=2x$(g) |

▶次の ☐ にあてはまるものを入れなさい。　(解答は右下)

### ❶ 個数と代金

① 1本 $a$ 円のバラの花を12本買ったときの代金は，☐円

② みかんとりんごを合わせて20個買ったとき，みかんの個数を $x$ 個とすると，りんごの個数は，☐(個)と表せる。

③ 150円の箱に1個90円のおかしを $x$ 個つめたとき，代金の合計は，☐(円)

④ 1本80円のえんぴつを $x$ 本買うと720円だった。これを式に表すと，☐＝720

問題の内容を整理し，等しい関係を見つけて方程式をつくろう。

学習日　月　日



## ❷速さ・時間・道のり

①　$a$ km の道のりを 2 時間かかって歩いたときの速さは，時速 ☐ km

②　分速 60 m で $x$ 分間歩いたときの道のりは，☐ m

③　$x$ km の道のりを時速 50 km で走ったら，3 時間かかった。この数量の関係を式に表すと，☐ $=3$

## ❸割　合

①　$a$ 円の 3 割は，☐ $\times\frac{3}{10}=$ ☐ (円)

②　100 g の $x$ 割は，$100\times\frac{x}{☐}=$ ☐ (g)

③　600 円の $a$%は，$600\times\frac{a}{☐}=$ ☐ (円)

## ❹食塩水

①　5 %の食塩水 300 g に含まれる食塩の重さは，$300\times$ ☐ $=$ ☐ (g)

②　7 %の食塩水 $a$ g に含まれる食塩の重さは，$a\times$ ☐ $=$ ☐ (g)

❶① $12a$　② $20-x$〔コーチ りんごの個数＝全体の個数－みかんの個数〕③ $150+90x$　④ $80x$　❷① $\frac{a}{2}$　② $60x$　③ $\frac{x}{50}$　❸① $a$，$\frac{3}{10}a$　② 10，$10x$〔コーチ $x$ 割 ⇨ $\frac{x}{10}$〕　③ 100，$6a$　❹ ① $\frac{5}{100}$(または 0.05)，15　② $\frac{7}{100}$(または 0.07)，$\frac{7}{100}a$(または $0.07a$)

# ☆実戦解法テクニック

## 例題① 方程式の文章題→ことばの式や公式で考えよう！

りんご5個とみかん4個の代金の合計は920円で，みかん1個の値段は80円です。りんご1個の値段はいくらですか。

**解法** りんご1個の値段を$x$円とすると，

**りんご5個の代金** ＋ **みかん4個の代金** ＝ **合計の代金**

$5x + 80\times4 = 920$

これを解いて，$x=120$**(円)** ← 答

■わからないものを$x$とおけ！
このとき，$x$の単位が何なのかを必ず確認すること。左の例では，$x$は値段だから，$x$円だ。$x$個ではない！

## 例題② 複雑な問題→等しい関係に着目！

何人かの子どもにえんぴつを配るのに，4本ずつ配ると12本余り，6本ずつ配ると6本たりません。子どもの人数を求めなさい。

**解法** 子どもの人数を$x$人として，えんぴつの本数を表すと，
4本ずつ配ると12本余る ⇨ $4x+12$(本)
6本ずつ配ると6本たりない ⇨ $6x-6$(本)
えんぴつの本数は等しいから，
$4x+12=6x-6$
これを解いて，$x=9$**(人)** ← 答

図解 「余る」，「たりない」に注意！
●余るときの全体の数は，
人数分＋余り

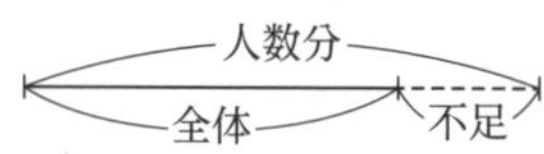


●たりないときの全体の数は，
人数分－不足分

人数分
全体
不足

## 例題③ 連続する整数→$x$，$x+1$，…とおく！

連続する2つの整数の和が37であるとき，この2つの整数を求めなさい。

**解法** 2つの整数を$x$，$x+1$とおくと，
2つの数の和より，$x+(x+1)=37$
これを解いて，$x=18$
したがって，
2つの整数は，**18，19** ← 答

確認 整数の表し方
- 十の位が$a$，一の位が$b$の自然数 ⇨ $10a+b$
- 偶数 ⇨ $2x$　・奇数 ⇨ $2x+1$
- 連続する偶数 ⇨ $2x$，$2x+2$
- 連続する奇数 ⇨ $2x+1$，$2x+3$

# 基本の問題

**1** 次の関係を，等式で表しなさい。 5分

(1) $x$ cm のリボンを 5 人で等分したとき，1 人分の長さが 3 cm であった。

(2) 半径が $r$ cm の円の面積が $25\pi$ cm$^2$ だった。ただし，円周率は $\pi$ とする。

(3) $a$ 円の切手を 8 枚買って，$b$ 円出したときのおつりが 34 円であった。

(4) 定価 1000 円の品物を $a$ 割引きで売るときの売価が 800 円であった。

(5) 時速 120 km の特急列車が $t$ 分間に進む道のりが 80 km であった。

**2** ある数 $x$ を 5 倍して 14 を加えた数は，$x$ から 2 をひいた数に等しいとき，次の問いに答えなさい。 5分

(1) ある数 $x$ を求めるための方程式をつくりなさい。

(2) (1)を解いて，ある数 $x$ を求めなさい。

**3** 東中学校の生徒数は 546 人で，男子は女子より 32 人多いそうです。女子の人数を $x$ 人として，次の問いに答えなさい。 5分

(1) 男子の人数を，$x$ を用いて式で表しなさい。

(2) 方程式を用いて，男子，女子の人数をそれぞれ求めなさい。

**4** 次の問いに答えなさい。 5分

(1) 1000 円持って買い物に行き，えんぴつ 6 本と 100 円の消しゴムを 1 個買ったら，480 円残りました。えんぴつ 1 本の値段を求めなさい。

(2) 現在，子どもの年齢（ねんれい）は 13 歳（さい），父の年齢は 47 歳です。父の年齢が，子どもの年齢の 3 倍になるのは何年後ですか。

$x$ 年後，子どもは
13＋$x$(歳)だよ！

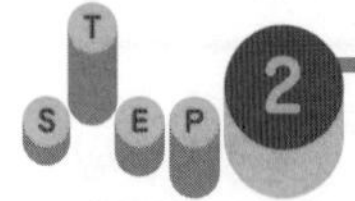

## 合格力をつける問題

**1** 200円のかごに，1個150円のももと1個60円のみかんを合わせて15個つめて，ちょうど2000円にします。次の問いに答えなさい。 5分

(1) ももを$x$個つめるとして，方程式をつくりなさい。

(2) ももとみかんを，それぞれ何個つめればよいですか。

**2** 子どもに画用紙を配るのに，1人に7枚ずつ配ろうとしたら，4枚たりません。そこで，1人に5枚ずつ配ると12枚余りました。子どもの人数を$x$人として，次の問いに答えなさい。 5分

(1) 1人に7枚ずつ配ろうとしたときの画用紙の枚数を，$x$を用いて式に表しなさい。

(2) 子どもの人数を求めるための方程式をつくりなさい。

(3) (2)を解いて，子どもの人数と画用紙の枚数を求めなさい。

**3** 連続する3つの整数の和が234になるとき，次の問いに答えなさい。 5分

CHALLENGE チャレンジ！ (1) 最小の数を$x$として，方程式をつくりなさい。

(2) ミス注意 miss 3つの整数を求めなさい。

**4** 兄が家を出てから10分後に，弟が自転車で同じ道を追いかけました。兄の歩く速さは分速70 m，弟の自転車の速さは分速210 mです。弟が出発してから$x$分後に兄に追いつくとして，次の問いに答えなさい。 8分

(1) 兄の歩いた道のりを，$x$を用いて式に表しなさい。

(2) 弟が自転車で進んだ道のりを，$x$を用いて式に表しなさい。

兄は，何分間歩いたかな？

(3) 弟は家を出てから何分後に兄に追いつきますか。

**5**　6 %の食塩水 200 g に 12 %の食塩水を混ぜて，8 %の食塩水を作ろうと思います。次の問いに答えなさい。　10分

(1)　12 %の食塩水を $x$ g 混ぜるとして，方程式をつくりなさい。

(2)　12 %の食塩水を何 g 混ぜればよいですか。



**6**　次の問いに答えなさい。

(1)　方程式 $2-\dfrac{x-a}{2}=3a+x$ の解が $x=3$ であるとき，$a$ の値を求めなさい。

(2)　毎月 100 円ずつ貯金をしている兄弟がいます。現在の貯金額は，兄が 4000 円，弟が 1400 円です。兄の貯金額が弟の貯金額の 3 倍になるのはいつですか。

(3)　一の位が 8 である 2 けたの自然数があります。その十の位と一の位の数字を入れかえると，もとの数より 54 大きい数になります。もとの自然数を求めなさい。

(4)　家から駅へ行くのに，時速 12 km の自転車で走ると，電車の発車時刻の 6 分後に到着し，時速 30 km の自動車で走ると，発車時刻の 12 分前に到着します。家から駅までの道のりを求めなさい。

## STEP 3 ゆとりで合格の問題

答え：別冊33ページ

**1**　A，B 2 店の商店が，ある品物を同じ値段でそれぞれ 1 個ずつ仕入れました。A 店では，仕入れ値段の 20 %の利益をみこんで定価をつけ，B 店では 25 %の利益をみこんで定価をつけました。ところが大売り出しで，A 店では定価より 2000 円安く売り，B 店では定価の 14 %引きで売ったので，両商品とも同じ売価になりました。この品物の仕入れ値段を求めなさい。　5分

# 比例・反比例の問題

## 「これだけは」チェック! 比例・反比例の式とグラフ

| | |
|---|---|
| ①比例の式と性質 | 比例の式 ⇨ $y=ax$（$a$ は比例定数）<br>比例の性質 ⇨ $x$ の値が 2 倍，3 倍，…になると，<br>$y$ の値も **2 倍，3 倍，**…になる。 |
| ②反比例の式と性質 | 反比例の式 ⇨ $y=\frac{a}{x}$（$a$ は比例定数）<br>反比例の性質 ⇨ $x$ の値が 2 倍，3 倍，…になると，<br>$y$ の値は $\frac{1}{2}$ **倍，** $\frac{1}{3}$ **倍，**…になる。 |
| ③座　標 | 点の座標が（$a$，$b$）⇨ $x$ 座標は $\boldsymbol{a}$，$y$ 座標は $\boldsymbol{b}$ |
| ④比例・反比例のグラフ | 比例のグラフ ⇨ 原点を通る直線<br>反比例のグラフ ⇨ 双曲線（なめらかな 2 つの曲線） |

▶次の □ にあてはまるものを入れなさい。　（解答は右下）

### ❶比　例

① $y$ が $x$ に比例し，比例定数が 5 のとき，$y=$□ と表せる。

② 比例の式 $y=\frac{x}{3}$ で，比例定数は □ である。

③ $y$ が $x$ に比例するとき，$x$ の値を 4 倍すると，$y$ の値は □ 倍となる。

④ $y$ が $x$ に比例し，$y=ax$ と表されるとき，比例定数 $a$ は，$x=1$ のときの □ の値に等しい。

⑤ $y$ が $x$ に比例し，$y=1.5x$ と表される。このとき，
$x=4$ のとき $y=$□
$y=3$ のとき $x=$□

$x$ と $y$ の変化のようすを調べて，比例と反比例の区別をしよう。

学習日
月　日

## ❷反比例

① $y$ が $x$ に反比例し，比例定数が 8 のとき，$y=$［　　］と表せる。

② 反比例の式 $y=-\frac{6}{x}$ で，比例定数は［　　］である。

③ $y$ が $x$ に反比例するとき，$x$ の値を 4 倍すると，$y$ の値は［　　］倍となる。

④ $y$ が $x$ に反比例し，$y=\frac{12}{x}$ と表される。このとき，
$x=-3$ のとき $y=$［　　］，$y=2$ のとき $x=$［　　］

## ❸点の座標

① 点の座標が(3，4)で表されるとき，$x$ 座標は［　　］，$y$ 座標は［　　］

② $x$ 座標が $-1$，$y$ 座標が 5 である点の座標は，(［　　］，［　　］)と表す。

## ❹比例・反比例のグラフ

① 右の㋐～㋕のグラフのうちで，
比例のグラフは，［　　］と［　　］である。

② 右の㋐～㋕のグラフのうちで，
反比例のグラフは，［　　］と［　　］である。

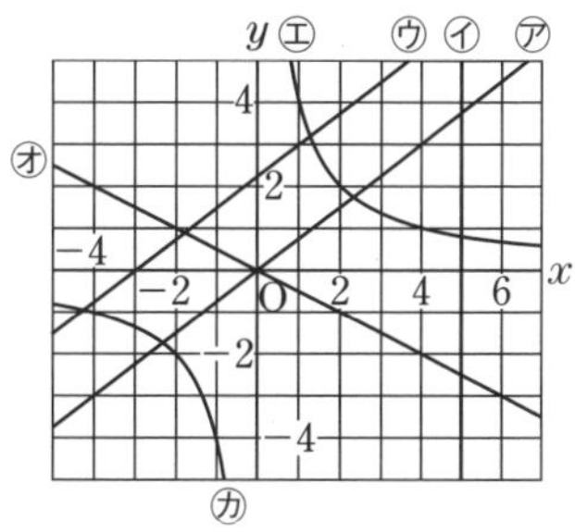

❶① $5x$　② $\frac{1}{3}$〔コーチ $y=\frac{x}{3}$ は，$y=\frac{1}{3}x$ と表せる。〕③ 4　④ $y$　⑤ 6，2
❷① $\frac{8}{x}$　② $-6$〔コーチ $y=\frac{-6}{x}$ と考える。〕③ $\frac{1}{4}$　④ $-4$，6〔コーチ $2=\frac{12}{x}$ より，$x=\frac{12}{2}=6$〕　❸① 3，4　② $-1$，5　❹①㋐，㋔　②㋓，㋕
(①②はそれぞれ逆も可)

②次 数理技能

# ☆実戦解法テクニック

## 例題❶ 対応表の問題→何倍となっているか調べよう！

右の表を見て，$y$ を $x$ の式で表しなさい。

| $x$ | 1 | 2 | 3 | 4 |
|---|---|---|---|---|
| $y$ | 3 | 6 | 9 | 12 |

**解法** $x$ の値を2倍，3倍，…すると，

⇨ $y$ の値は**2倍，3倍，**…となっている ⇨ **比例**

比例の式は $y=ax$ とおけるので，$x=1$，$y=3$ を代入して，$a=3$ ⇨ $\boldsymbol{y=3x}$ ←答

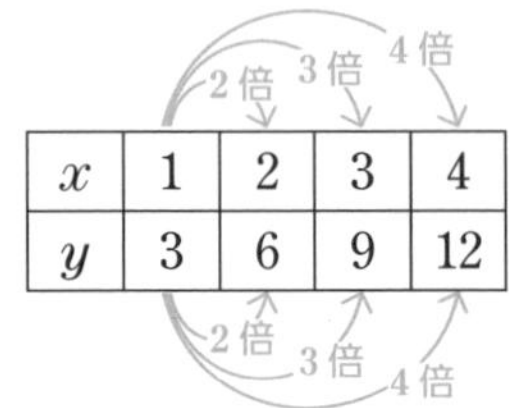


■$y$ の値が $\frac{1}{2}$ 倍，$\frac{1}{3}$ 倍，…となっていれば，**反比例**

⇨ 反比例の式を $y=\frac{a}{x}$ とおいて，$a$ の値を求める。

## 例題❷ 文章から式をつくる問題→等しい関係に着目！

歯の数が40の歯車Aと，歯の数が $x$ の歯車Bがかみ合っています。歯車Aが2回転するとき，歯車Bは $y$ 回転します。$y$ を $x$ の式で表しなさい。

**解法** 一定時間内に動いた歯の数，つまり，歯の数×回転数は等しいから，

| 歯車Aの<br>歯の数×回転数 | = | 歯車Bの<br>歯の数×回転数 |
|---|---|---|
| $40\times2$ | = | $x\times y$ |

$80=xy$ ⇨ $\boldsymbol{y=\frac{80}{x}}$ ←答

■**よく使う等しい関係はこれだ！**
- 道のり＝速さ×時間
- 代金＝1個の値段×個数
- 長方形の面積＝縦(たて)×横
- たまる水の量＝1分間に入れる水の量×時間(分)

## 例題❸ グラフの式→通る1点がわかればよい！

比例と反比例のグラフが点(2，4)で交わっています。それぞれのグラフの式を求めなさい。

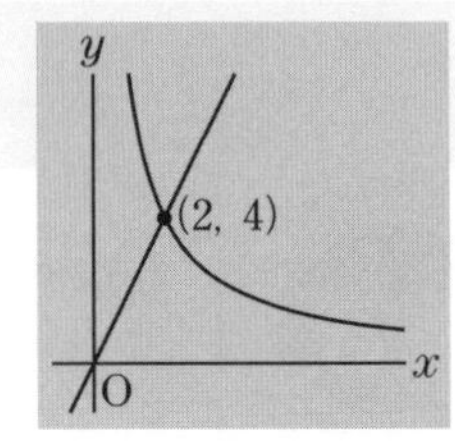


**解法** 点(2，4)を通っているから，

比例のグラフの式 ⇨ $y=ax$ とおき，

$4=a\times2$，$a=2$ より，$\boldsymbol{y=2x}$ ←答

反比例のグラフの式 ⇨ $y=\frac{a}{x}$ とおき，$4=\frac{a}{2}$，$a=8$ より，$\boldsymbol{y=\frac{8}{x}}$ ←答

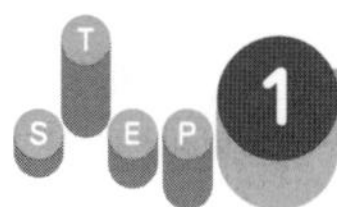


# 基本の問題

答え：別冊33ページ

**1** 次の $x$ と $y$ の関係について，$y$ を $x$ の式で表しなさい。また，$y$ が $x$ に比例するものには○をつけなさい。 5分

(1) 40 人の学級で，男子は $x$ 人，女子は $y$ 人である。

(2) 1 本 150 円の花を $x$ 本買ったときの代金を $y$ 円とする。

(3) 1 辺の長さが $x$ cm の正方形の面積を $y$ $cm^2$ とする。

(4) 時速 40 km で走る自動車が，$x$ 時間に進む道のりを $y$ km とする。

(5) 半径が $x$ cm の円の円周を $y$ cm とする。ただし，円周率は $\pi$ とする。

**2** 次の $x$ と $y$ の関係について，$y$ を $x$ の式で表しなさい。また，$y$ が $x$ に反比例するものには○をつけなさい。 5分

(1) 底辺が $x$ cm，高さが $y$ cm の平行四辺形の面積を 30 $cm^2$ とする。

(2) 10 km の道のりを $x$ km 歩いたとき，残りの道のりは $y$ km である。

(3) 10 km の道のりを時速 $x$ km で進むと，$y$ 時間かかる。

(4) 60 L 入る水そうに，毎分 $x$ L の割合で水を入れると，$y$ 分でいっぱいになる。

(5) 40 cm の針金を折り曲げて長方形を作るとき，縦（たて）の長さが $x$ cm のときの横の長さを $y$ cm とする。

**3** 次の問いに答えなさい。 

(1) 表 1 は，$y$ が $x$ に比例する関係を表しています。$y$ を $x$ を用いて表しなさい。

表 1

| $x$ | … | 1 | 2 | 3 | 4 | 5 | … |
|---|---|---|---|---|---|---|---|
| $y$ | … | 4 | 8 | 12 | 16 | 20 | … |

(2) 表 2 は，$y$ が $x$ に反比例する関係を表しています。$y$ を $x$ を用いて表しなさい。

表 2

| $x$ | … | 1 | 2 | 3 | 6 | 9 | … |
|---|---|---|---|---|---|---|---|
| $y$ | … | −18 | −9 | −6 | −3 | −2 | … |

2次 数理技能

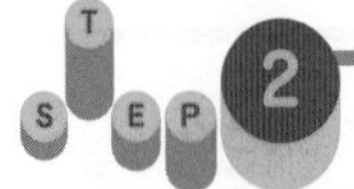

# 合格力をつける問題

答え：別冊34ページ

**1** 牛肉を 300 g 買ったら，代金が 1800 円でした。この牛肉の重さを $x$ g，代金を $y$ 円として，次の問いに答えなさい。 5分

(1) $y$ を $x$ の式で表しなさい。
(2) この牛肉を 800 g 買うとき，代金はいくらですか。
(3) この牛肉の代金が 7500 円のとき，重さは何 g ですか。

**2** 歯車Aは歯の数が 18 で，1 分間に 8 回転しています。これとかみ合っている歯車Bの歯の数を $x$，1 分間の回転数を $y$ とするとき，次の問いに答えなさい。 5分

(1) $y$ を $x$ の式で表しなさい。
(2) 歯車Bの歯の数が 24 のとき，Bは 1 分間に何回転しますか。
(3) 歯車Bが 1 分間に 9 回転するとき，Bの歯の数を求めなさい。

**3** 次の 2 つの量の関係について，$y$ を $x$ の式で表しなさい。

(1) 4 人で 15 日間働いて仕上げることのできる仕事があります。この仕事を $x$ 人で働くと，$y$ 日かかります。
(2) 10 L のガソリンで 120 km 走る自動車があります。この自動車が $x$ km 走るのに，$y$ L のガソリンを使います。
(3) ミス注意 太さが一定の針金があります。同じ針金 4 m の重さをはかったら，200 g ありました。この針金は $x$ m で $y$ kg です。
(4) てんびんは，おもりの重さと支点Oからの距離との積が左右で等しいとき，つり合います。
　右の図のようにつり合っているとき，Aの重さを $x$ g，OBの長さを $y$ cm とします。

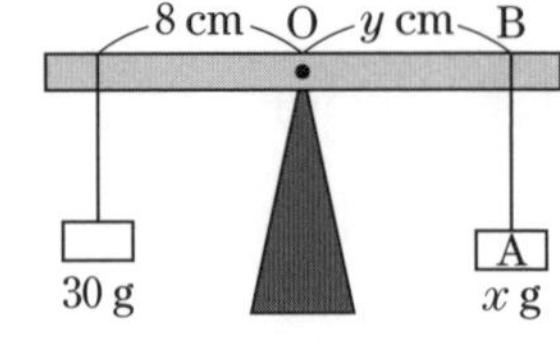


**4** 関数 $y=-\frac{5}{4}x$ について，次の問いに答えなさい。 5分

(1) $x=-8$ のときの $y$ の値を求めなさい。
(2) $x$ の値が 4 から 16 まで増加するとき，$y$ の値はいくつ増加しますか。

**5** 水が300 L入る空(から)の水そうに一定の割合で水を入れます。右の表は，水を入れ始めてから$x$分後の水そうの中の水の量を$y$ Lとして，$x$と$y$の関係を表したものです。次の問いに答えなさい。 10分

| $x$ | 0 | 1 | 2 | 3 | 4 | … |
|---|---|---|---|---|---|---|
| $y$ | 0 | 12 | 24 | 36 | 48 | … |

(1) $y$を$x$の式で表しなさい。

(2) 水そうがいっぱいになるのは，水を入れ始めてから何分後ですか。

(3) $x$の変域が$10 \leqq x \leqq 15$のとき，$y$の変域を求めなさい。

**6** 右の図のように，関数$y=\frac{4}{3}x$のグラフと関数$y=\frac{a}{x}$のグラフが点Aで交わっています。次の問いに答えなさい。 10分

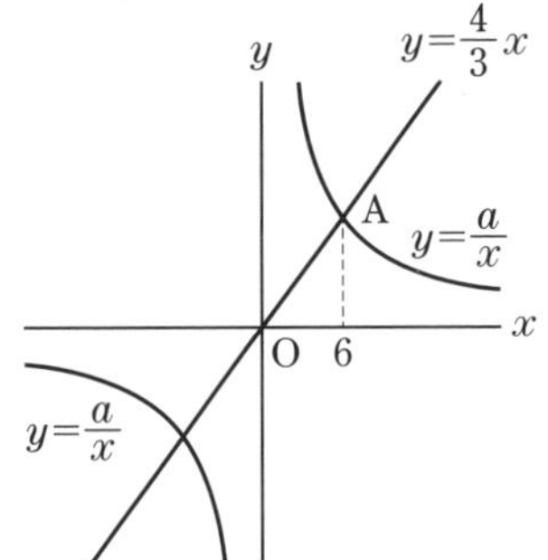


(1) 点Aの座標を求めなさい。

(2) $a$の値を求めなさい。

(3) 関数$y=\frac{a}{x}$のグラフ上に$x$座標が$-4$である点Bをとります。点Bの座標を求めなさい。

## STEP 3 ゆとりで合格の問題

答え：別冊35ページ

**1** 次の問いに答えなさい。 10分

(1) 3 mの重さが150 gで，100 gあたりの値段が150円の針金があります。この針金$x$ mの代金を$y$円として，$y$を$x$の式で表しなさい。

(2) 右の図のように，3点O(0, 0)，A(4, 7)，B(8, 1)を頂点とする△OABがあります。原点Oを通り，△OABの面積を2等分する直線の式を求めなさい。

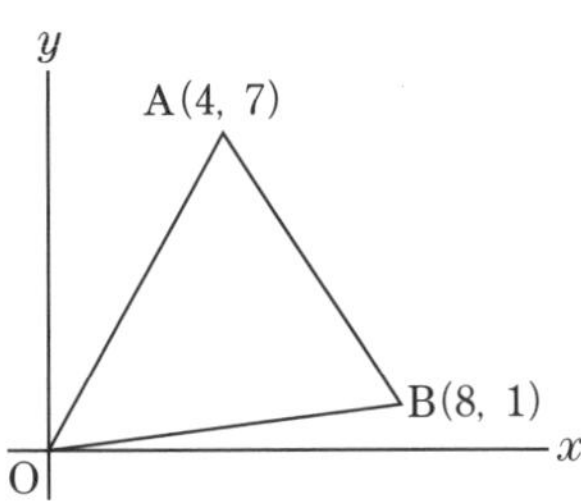

# 5 平面図形の問題

## ★基本の確認

### 『これだけは』チェック！ 直線と角，図形の性質と計量

| | |
|---|---|
| ①直線と角 | 一直線の角 ⇨ 180°　直角 ⇨ 90°<br>三角形の角の和 ⇨ 180°　四角形の角の和 ⇨ 360° |
| ②線対称な図形 | 1つの直線を折り目として2つに折ると，ぴったり重なる図形 ⇨ 折り目の直線が対称の軸 |
| ③点対称な図形 | 1つの点を中心として180°回転させると，もとの図形にぴったり重なる図形 ⇨ 中心にした点が**対称の中心** |
| ④面積と長さ | 三角形の面積＝底辺×高さ÷2<br>円の面積＝半径×半径×円周率　円周＝直径×円周率<br>**おうぎ形の弧の長さと面積** ⇨ 半径 $r$，中心角 $a$°のおうぎ形の弧の長さを $\ell$，面積を $S$ とすると，円周率を $\pi$ として，<br>$\ell=2\pi r\times\frac{a}{360}$　$S=\pi r^2\times\frac{a}{360}$ |

▶次の □ にあてはまるものを入れなさい。　（解答は右下）

### ❶直線と角

直角は 90°

① 三角形の3つの角の和は，□°である。
　四角形の4つの角の和は，□°である。

② 右の図1で，
A，O，B は一直線上にあり，
OP は，∠COB の二等分線である。
したがって，∠COB＝□°
　　　　　　∠POB＝□°

③ 右の図2で，
∠A＝□°である。
したがって，∠D＝□°

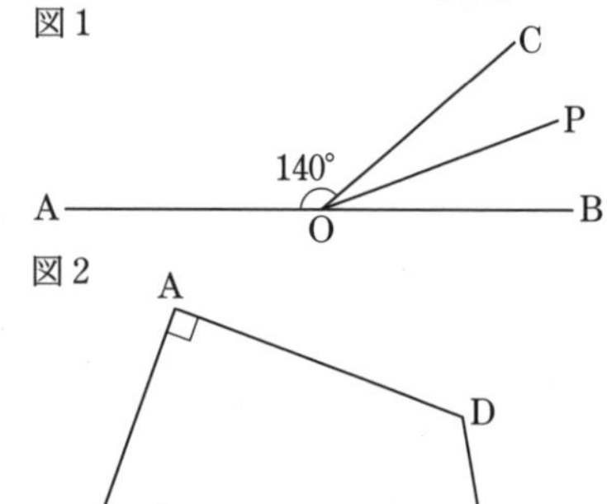

図形の性質，用語の意味などを理解して，基礎的な力をつけておこう。

学習日
月　日



## ❷線対称な図形

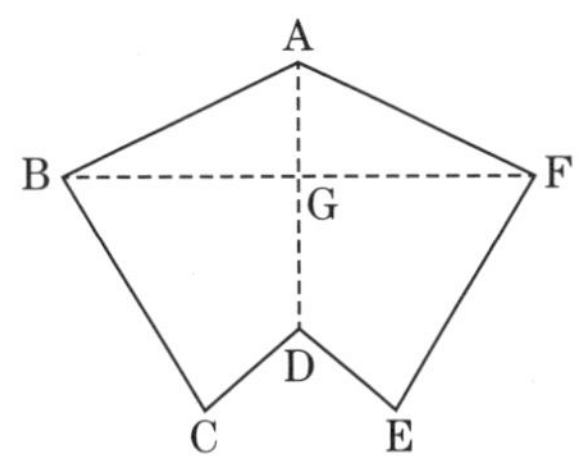


① 右の線対称な図形で，
対称の軸は，直線 [　　] であり，
点 B に対応する点は，点 [　　] である。

② 右の図で，直線 BF と AD は [　　] に交わり，
BG＝[　　] である。

## ❸点対称な図形

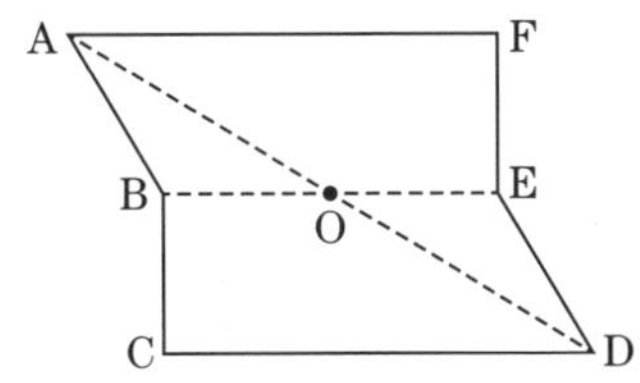


① 右の点対称な図形で，
点 A に対応する点は，点 [　　] である。

② 右の図で，点 C と F を結ぶ直線は，
対称の [　　] を通り，CO＝[　　] である。

## ❹面積と長さ

① 底辺が 9 cm，高さが 10 cm の三角形の面積は，[　　] $cm^2$

② 半径 10 cm の円がある。円周率を $\pi$ とするとき，この円の面積は [　　] $cm^2$，また，円周の長さは [　　] cm

③ 半径 6 cm，中心角 60° のおうぎ形がある。円周率を $\pi$ とするとき，このおうぎ形の弧の長さは [　　] cm，また，面積は [　　] $cm^2$

❶① 180，360　② 40，20〔コーチ ∠POB＝∠POC，2∠POB＝40°〕　③ 90，120　❷① AD，F　②垂直，FG　❸① D　②中心 O，FO　❹① 45　② $100\pi$，$20\pi$　③ $2\pi$，$6\pi$

# ★実戦解法テクニック

## 例題❶ 複雑な図形の面積→簡単な形に分ける！

右の図の色をぬった部分の面積を求めなさい。

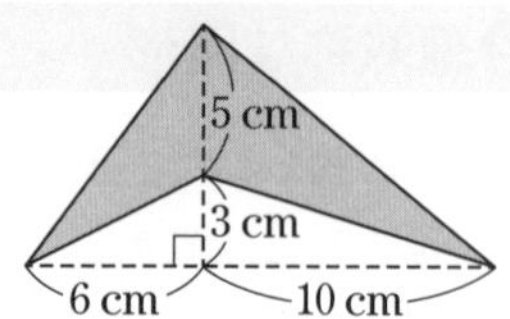


解法　下の図のように，2つに分けると，

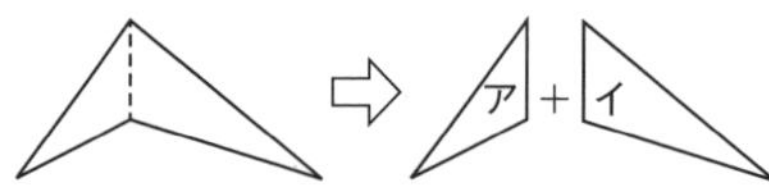


アの面積＝5×6÷2＝15(cm$^2$)
イの面積＝5×10÷2＝25(cm$^2$)
したがって，ア＋イ＝15＋25
＝**40(cm$^2$)** ←答

参考　別の求め方

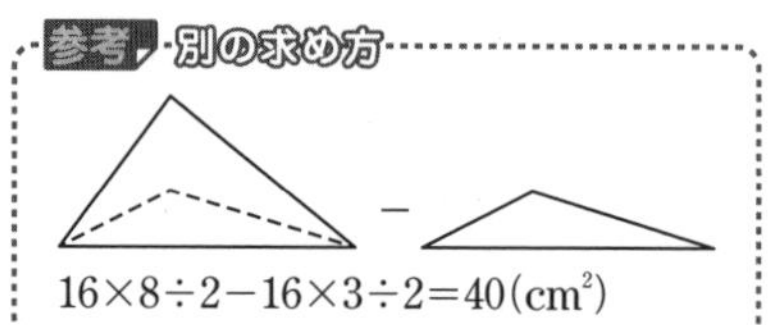


16×8÷2－16×3÷2＝40(cm$^2$)

## 例題❷ おうぎ形の面積→ $\pi\times(\text{半径})^2\times\dfrac{(\text{中心角})}{360}$

右の図の色をぬった部分の面積を求めなさい。ただし，円周率は$\pi$とします。

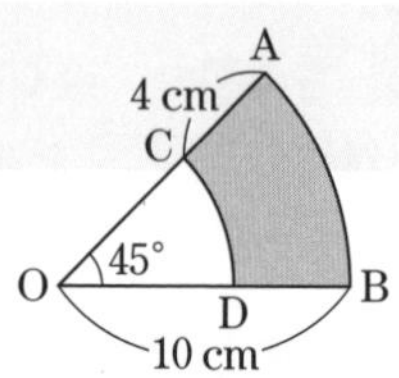


解法　おうぎ形OABの面積は，$\pi\times10^2\times\dfrac{45}{360}=\dfrac{25}{2}\pi$(cm$^2$)

おうぎ形OCDの半径は，10－4＝6(cm)だから，その面積は，$\pi\times6^2\times\dfrac{45}{360}=\dfrac{9}{2}\pi$(cm$^2$)

色をぬった部分の面積は，$\dfrac{25}{2}\pi-\dfrac{9}{2}\pi=8\pi$(cm$^2$) ←答

## 例題❸ 拡大図と縮図→対応する辺が何倍かを考えよう！

右の図で，△DEFは△ABCの拡大図です。辺DFの長さを求めなさい。

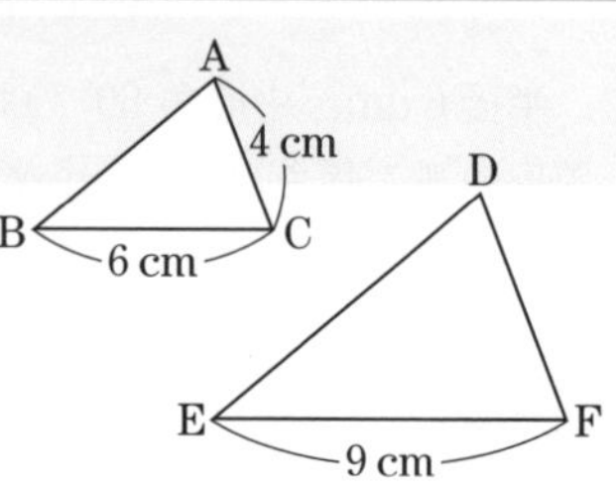


解法　辺BCと辺EFが対応していて，**9÷6=1.5**だから，△DEFは△ABCの**1.5倍の拡大図**である。
辺ACと辺DFが対応するから，辺DFの長さは，辺ACの長さの**1.5倍**で，4×1.5＝**6(cm)** ←答

# 基本の問題

答え：別冊36ページ

**1** 次の図形の対称の軸を図にかきなさい。 5分

(1)
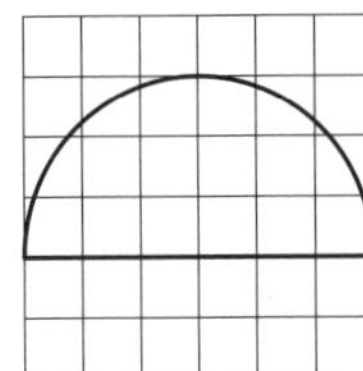

(2)
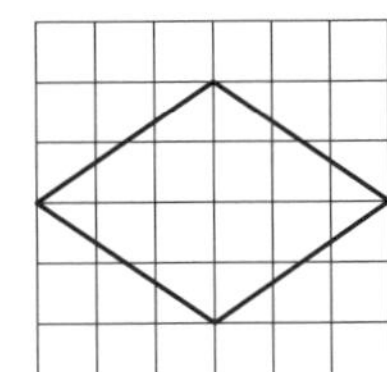

(3)
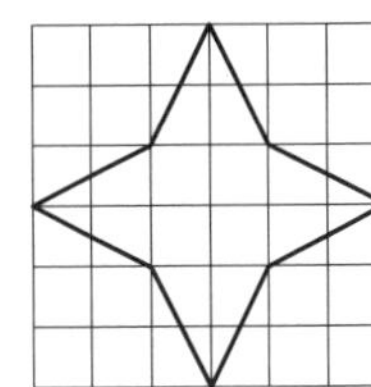

**2** 次の図の色をぬった部分の面積を求めなさい。 5分

(1)
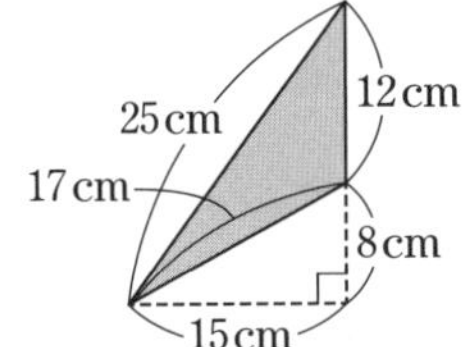


(2)
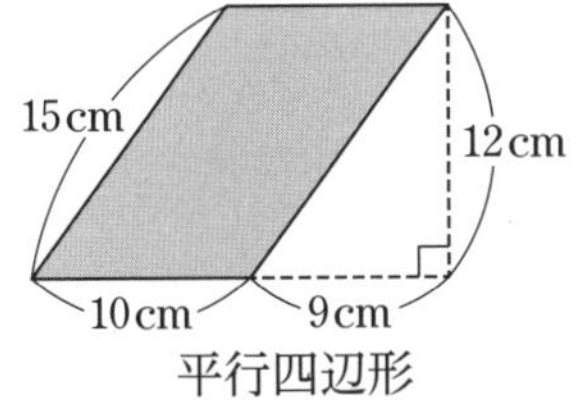

平行四辺形

**3** 次の図のような，おうぎ形 OAB があります。弧 AB の長さを求めなさい。また，面積を求めなさい。ただし，円周率は $\pi$ とします。 5分

(1)
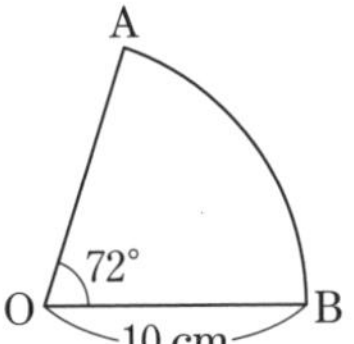


(2)
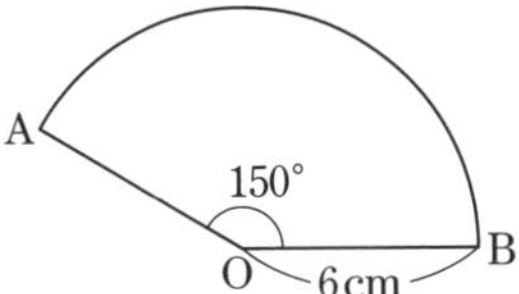


**4** 定規とコンパスを用いて，次の作図をしなさい。ただし，作図に使った線は消さないこと。 5分

(1) 線分 AB の垂直二等分線

A ―――――――――― B

(2) ∠XOY の二等分線

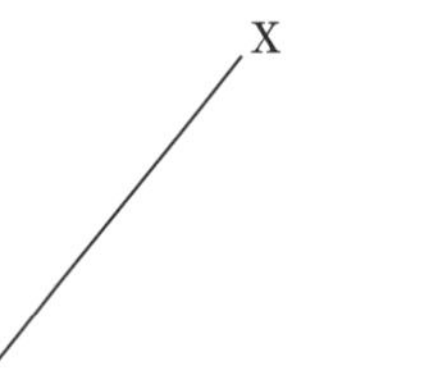

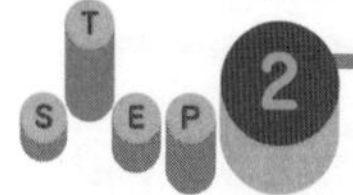

# STEP 2 合格力をつける問題

答え：別冊36ページ

**1** 次の㋐～㋔の四角形のうち，下の(1)～(4)に必ずあてはまるものをすべて選び，記号で答えなさい。 8分

㋐長方形　　㋑正方形　　㋒平行四辺形　　㋓ひし形　　㋔台形

(1) 向かい合っている辺が，２組とも平行な四角形

(2) ２本の対角線が，２本とも対称の軸になっている四角形

(3) 点対称である四角形

(4) 線対称であり，点対称でもある四角形

**2** 次の図の色をぬった部分の面積を求めなさい。ただし，円周率は $\pi$ とします。 10分

(1)

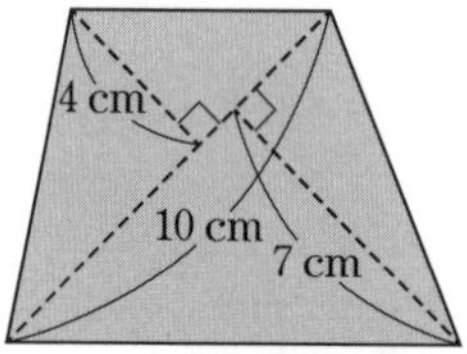

4 cm
10 cm
7 cm

(2)

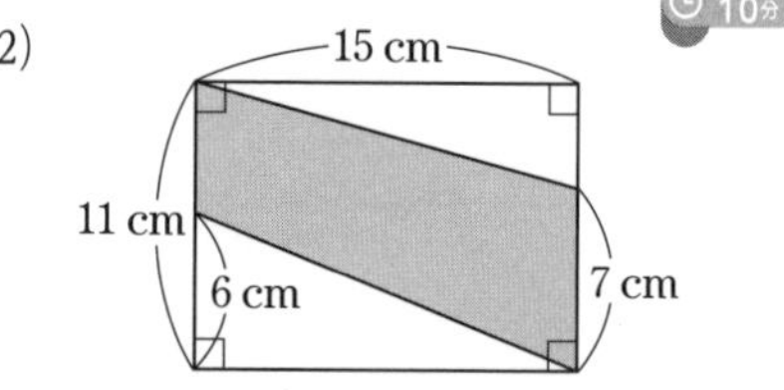

15 cm
11 cm
6 cm
7 cm

(3)

4 cm
2 cm

(4)

12 cm
12 cm

**3** 右の図は，１辺が４cm の正三角形を５個すき間なく並べたものです。次の問いに答えなさい。 10分

A
D
F
B
C
E
G

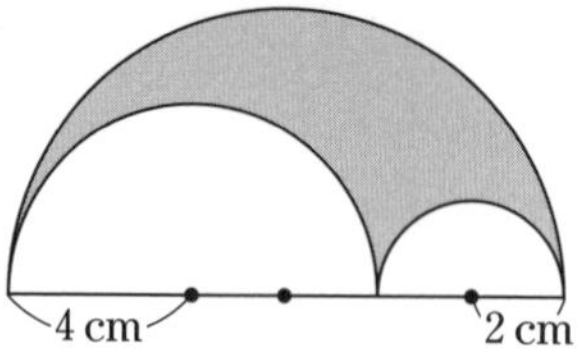

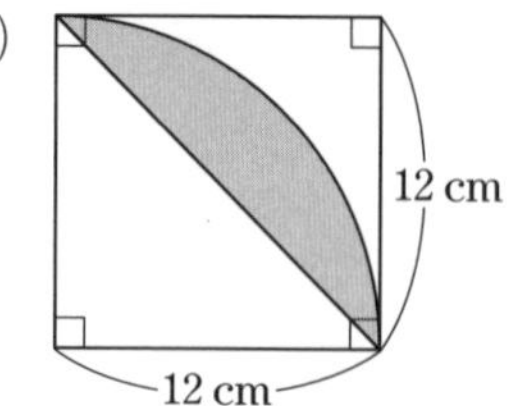

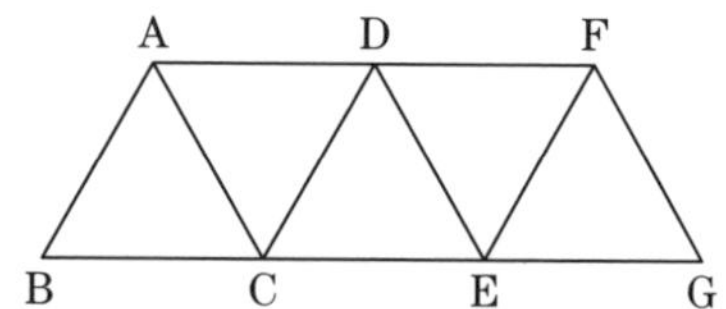

(1) △ABC を平行移動して重ねられる三角形はどれですか。すべて答えなさい。

(2) △ABC を対称移動して △FGE と重ねます。このとき，点Ｂから対称の軸までの距離は何 cm ですか。

(3) △ACD を点Ｄを中心として時計と反対回りに回転移動して △EFD に重ねます。何度回転させればよいですか。また，このとき，点Ｃが重なる点はどの点ですか。

**4** 右の図のように，直線$\ell$について点Aと対称な点をB，直線$m$について点Aと対称な点をCとします。
$\ell$と$m$がつくる角が35°であるとき，∠BOCの大きさを求めなさい。 5分

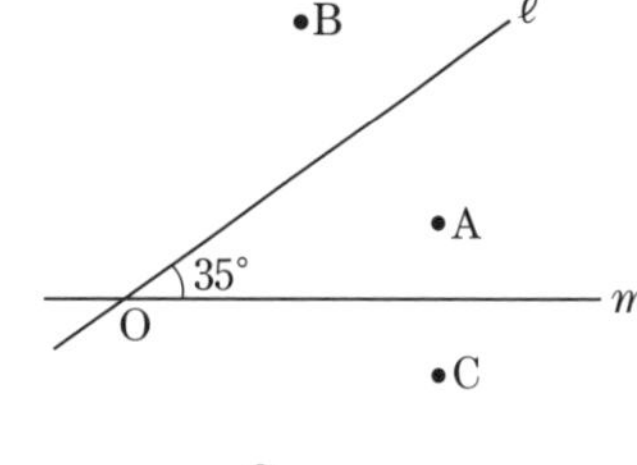


**5** 右の図で，線分AB上にAP＋PC＝ABとなる点Pを，作図によって求めなさい。ただし，作図に使った線は消さないこと。 5分

C•

**6** 右の図の△DEFは△ABCの拡大図です。次の問いに答えなさい。 8分

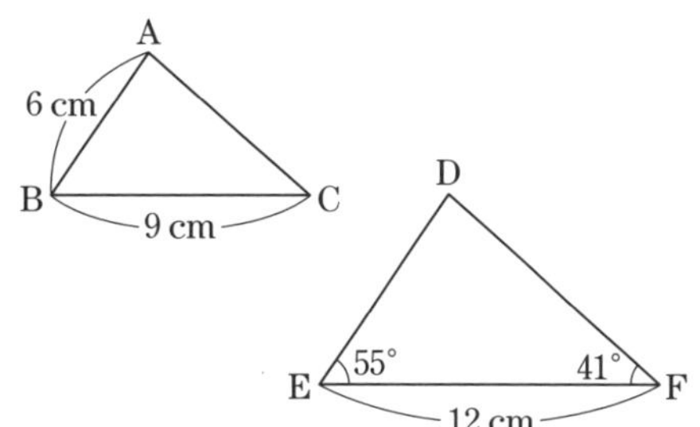


(1) △DEFは△ABCの何倍の拡大図ですか。

(2) 辺DEの長さは何cmですか。

(3) ∠Aの大きさは何度ですか。

**7** 縮尺が$\frac{1}{50000}$である地図について，次の問いに答えなさい。 5分

(1) 実際の距離が8500 mである長さをこの地図上で表すと，何cmになりますか。

(2) この地図上で20 cmの距離は，実際は何kmですか。

## STEP 3 ゆとりで合格の問題

答え：別冊38ページ

**1** AB＝6 cm，BC＝8 cm，CA＝10 cmの直角三角形ABCがあります。△DECは△ABCを頂点Cを中心として90°回転移動したものです。色をぬった部分の面積を求めなさい。ただし，円周率は$\pi$とします。

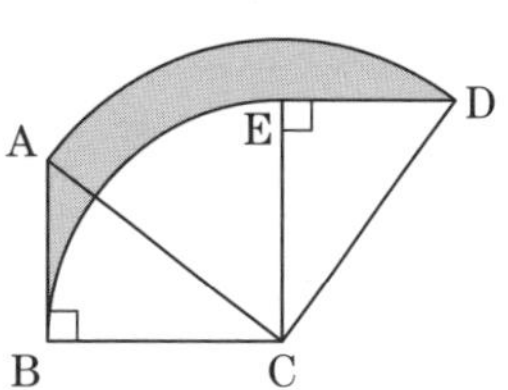

# 6 空間図形の問題

## ☆基本の確認

### 「これだけは」チェック！ 空間図形の基本

| | |
|---|---|
| ①辺と面 | $n$ 角柱の辺の数 ⇨ $n\times3$，面の数 ⇨ $n+2$，<br>頂点の数 ⇨ $n\times2$<br>例 五角柱で，辺の数は，$5\times3=15$，面の数は，$5+2=7$<br>$n$ 角錐の辺の数 ⇨ $n\times2$，面の数 ⇨ $n+1$，<br>頂点の数 ⇨ $n+1$<br>辺の位置関係 ⇨ 交わる，平行，ねじれの位置のいずれか。 |
| ②表面積と体積 | 角柱・円柱の表面積 ⇨ 側面積＋底面積×2<br>角柱・円柱の体積 ⇨ 底面積×高さ<br>角錐・円錐の表面積 ⇨ 側面積＋底面積<br>角錐・円錐の体積 ⇨ $\frac{1}{3}$× 底面積×高さ<br>球の表面積・体積 ⇨ 半径 $r$ の球の表面積を $S$，体積を $V$<br>とすると，円周率を $\pi$ として，$S=4\pi r^2$　$V=\frac{4}{3}\pi r^3$ |
| ③投影図 | 立体を正面と真上から見た図を組にして表した図。 |

▶次の □ にあてはまるものを入れなさい。　（解答は右下）

### 1 辺と面

① 六角柱の辺の数は □，面の数は □，
頂点の数は □

② 五角錐の辺の数は □，面の数は □，
頂点の数は □

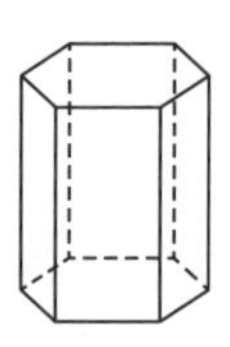

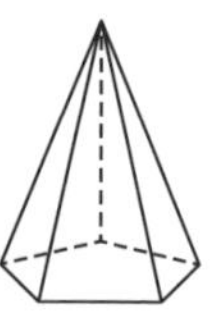

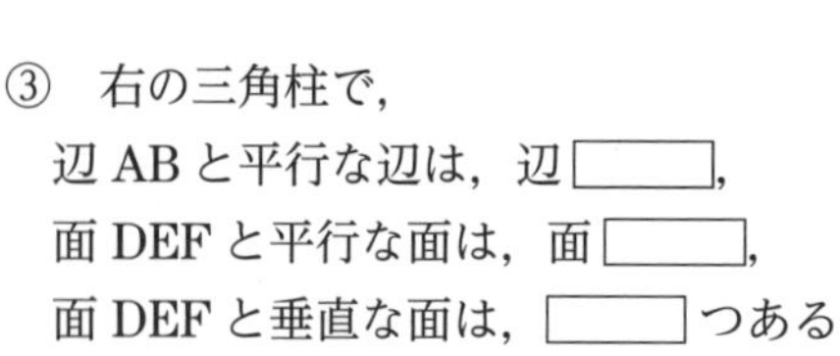

③ 右の三角柱で，
辺 AB と平行な辺は，辺 □，
面 DEF と平行な面は，面 □，
面 DEF と垂直な面は，□ つある。

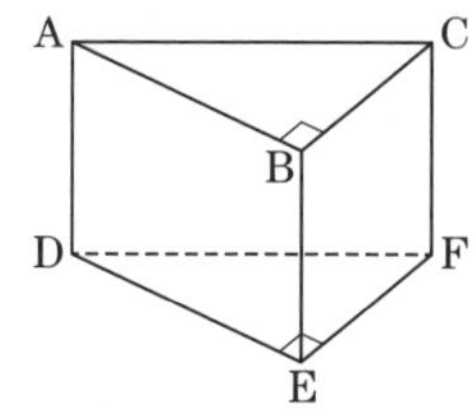

立体のつくりがどうなっているかを，
頭の中でイメージしてみよう。

学習日
月　日



## ❷展開図・表面積

① 右の展開図を組み立てたとき，
できる立体は，［　　　］

② 右の展開図の立体は，
側面積が［　　　］$\pi$ cm$^2$，底面積が［　　　］$\pi$ cm$^2$
したがって，表面積は［　　　］$\pi$ cm$^2$

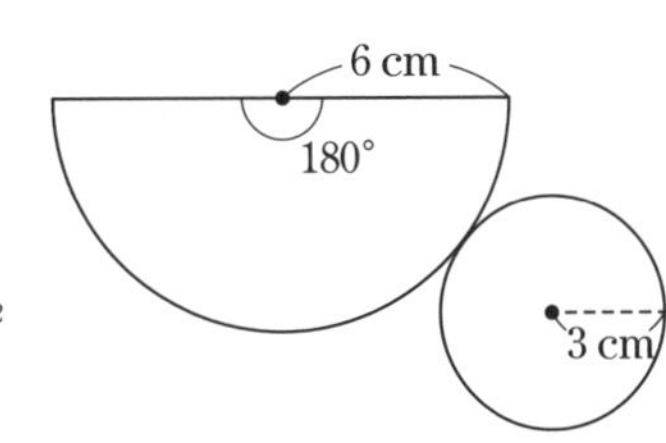


## ❸体積と表面積

① 底面積が 20 cm$^2$，高さが 4 cm の角柱の体積は，［　　　］cm$^3$

② 底面積が 40 cm$^2$，高さが 9 cm の角錐の体積は，［　　　］cm$^3$

③ 半径 3 cm の球がある。円周率を $\pi$ とするとき，この球の表面積は［　　　］$\pi$ cm$^2$，また，体積は，［　　　］$\pi$ cm$^3$

## ❹投影図

① 球は，正面から見ても，真上から見ても，［　　　］に見える。

② 右の図で，
正面から見た形が［　　　］，真上から見た形が［　　　］だから，
この立体は，［　　　］

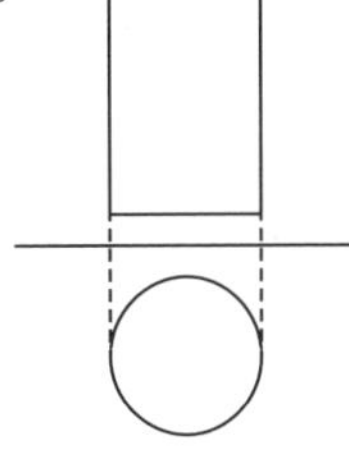

❶① 18，8，12　② 10，6，6　③ DE，ABC，3〔コーチ 面 ADEB，BEFC，ADFC の 3 つ。〕 ❷①円錐　② 18，9，27〔コーチ 側面のおうぎ形の面積は，$\pi\times6^2\times\frac{180}{360}=18\pi(\text{cm}^2)$〕 ❸① 80　② 120　③ 36，36　❹①円　②長方形，円，円柱

# ★実戦解法テクニック

## 例題① ねじれの位置の辺→交わる辺と平行な辺を除く！

右の三角柱で，辺ADとねじれの位置にある辺はどれですか。

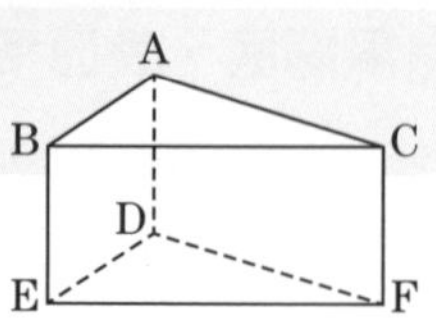


**解法** **交わらず，平行でない辺**がねじれの位置にある。
ADと交わる辺⇨AB，AC，DE，DF
ADと平行な辺⇨BE，CF
したがって，残りの辺がADとねじれの位置にある辺だから，
**辺BC，EF** ←答

■ADと交わる辺，平行な辺に印をつけておくとよい。（右の図で，交わる辺×印，平行な辺○印）

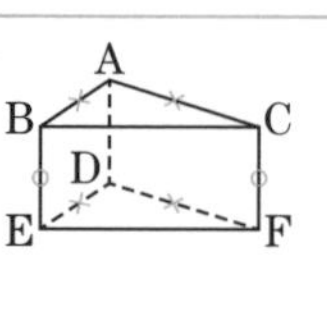


## 例題② 展開図→平行な面から考えよう！

右の立方体の展開図を組み立てたとき，面Qと平行になる面はどれですか。

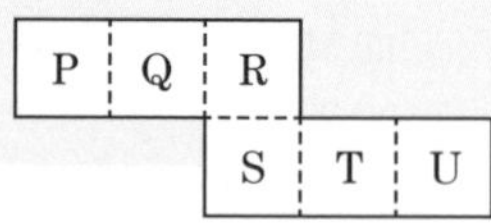


**解法** 展開図より，面Pと平行な面はR，面Sと平行な面はUである。
立方体は，**平行な面が3組**だから，
面Qと平行な面は，残りの**面T** ←答

確認 3つの並んだ面

P，Q，Rのように，3つ並んだ面を折ると，PとRは平行。

## 例題③ 角錐・円錐の体積→$\frac{1}{3}$倍することを忘れずに！

右の図の①正四角錐，②円錐の体積は何$cm^3$ですか。ただし，円周率は$\pi$とします。

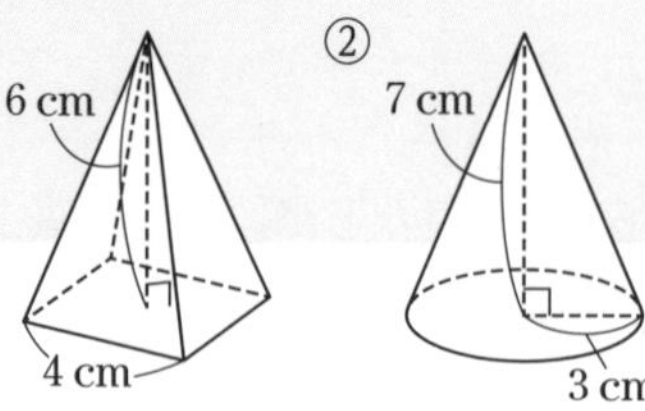


**解法** ①角錐の体積…$\boldsymbol{V=\frac{1}{3}Sh}$
（底面積$S$，高さ$h$，体積$V$）

$V=\frac{1}{3}\times4\times4\times6=32(cm^3)$ ←答

②円錐の体積…$\boldsymbol{V=\frac{1}{3}\pi r^2h}$（底面の半径$r$，高さ$h$，体積$V$）

$V=\frac{1}{3}\pi\times3^2\times7=21\pi(cm^3)$ ←答

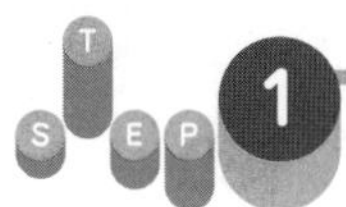

# 基本の問題

答え：別冊38ページ

**1** 右の図の直方体について，次の問いに答えなさい。 7分

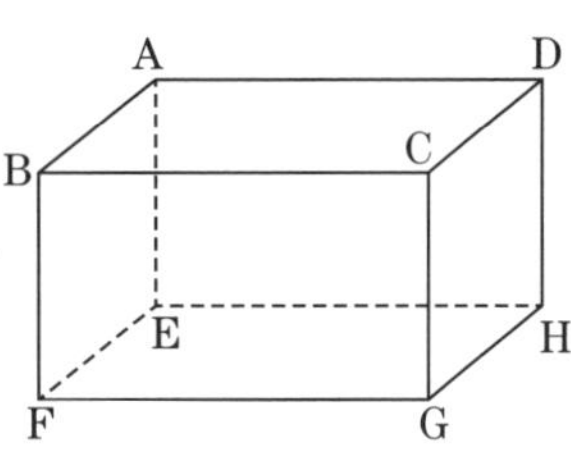


(1) 辺 AD と平行な辺をすべて答えなさい。

(2) 辺 BF と垂直な辺はいくつありますか。

(3) 面 ABFE と平行な辺はいくつありますか。

(4) 面 BFGC と垂直な面はいくつありますか。

(5) 辺 AB とねじれの位置にある辺をすべて答えなさい。

**2** 下の投影図は，次の㋐～㋖の立体のうち，どれを表していますか。記号で答えなさい。 5分

㋐三角柱　㋑三角錐　㋒四角柱　㋓四角錐　㋔円柱

㋕円錐　㋖五角柱

(1)

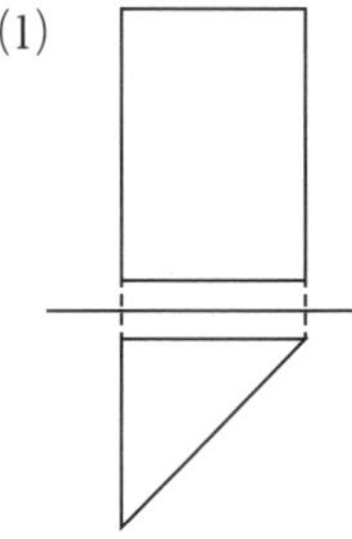

(2)

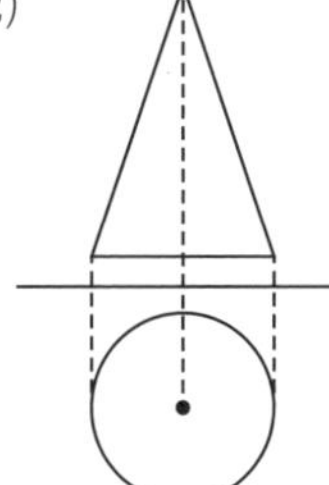

(3)

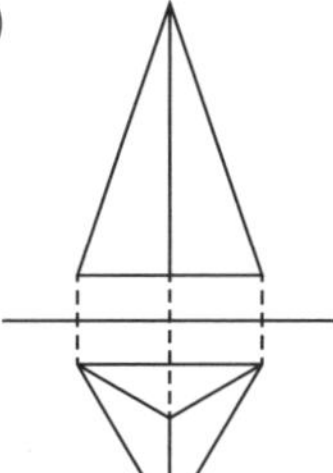

(4)

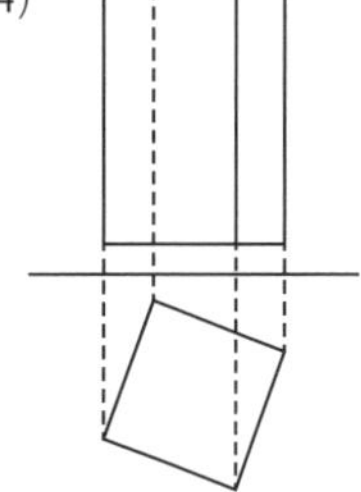

**3** 次の正四角錐と円錐の体積を求めなさい。ただし，円周率は $\pi$ とします。

5分

(1)

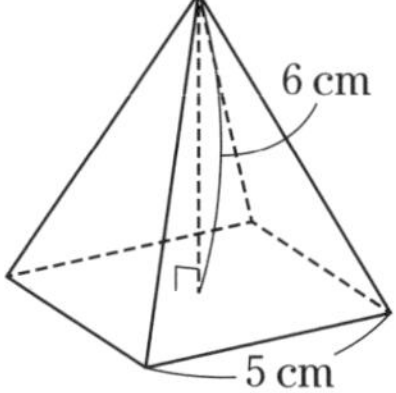


(2)

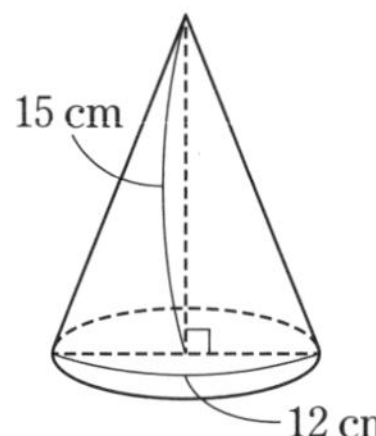

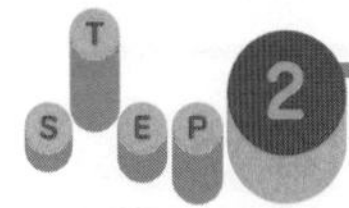

# 合格力をつける問題

答え：別冊39ページ

**1** 次の立体の体積を求めなさい。 5分

(1)

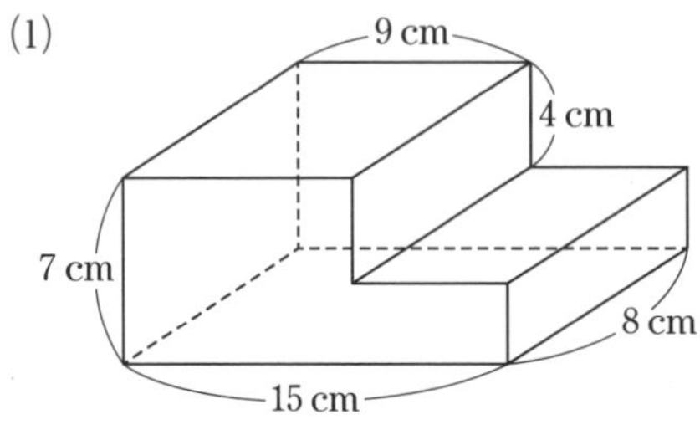


(2)

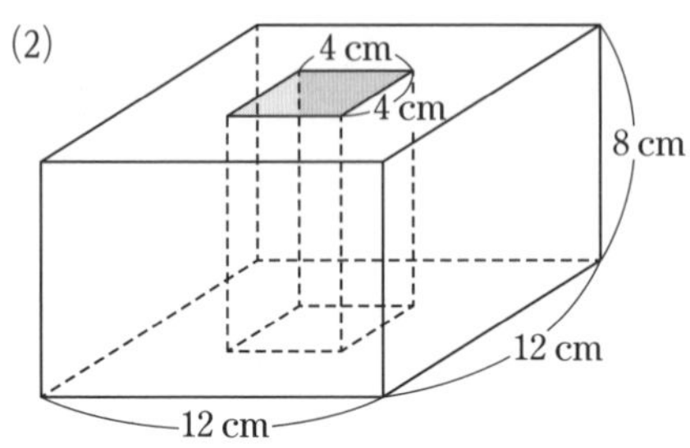


**2** 右の展開図を組み立ててできる立体について，次の問いに答えなさい。ただし，図の三角形は，どれも正三角形とします。 5分

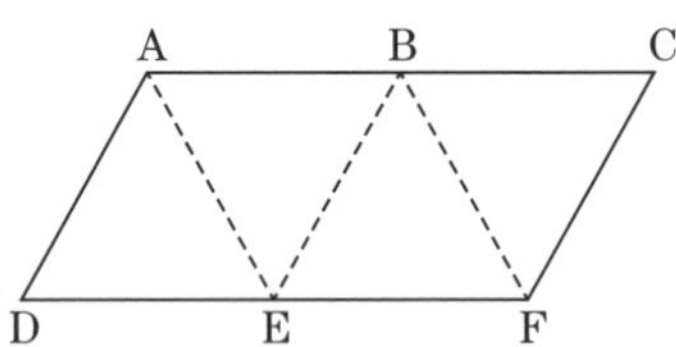


(1) 何という立体ができますか。

(2) この立体の辺の数を求めなさい。

(3) 辺ADと辺BEの位置関係を答えなさい。

**3** 右の図の円柱について，次の問いに答えなさい。ただし，円周率は$\pi$とします。 5分

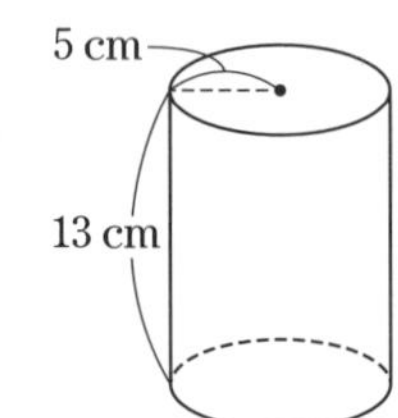


(1) この円柱の表面積を求めなさい。

(2) この円柱の体積を求めなさい。

**4** 右の図は，球をその中心を通る平面で半分に切った立体です。次の問いに答えなさい。ただし，円周率は$\pi$とします。 5分

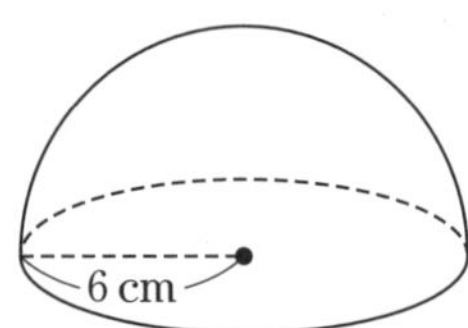


(1) この立体の体積を求めなさい。

(2) この立体の表面積を求めなさい。

**5** 右の図は,ある立体の投影図で,平面図は半円です。次の問いに答えなさい。ただし,円周率は $\pi$ とします。 5分

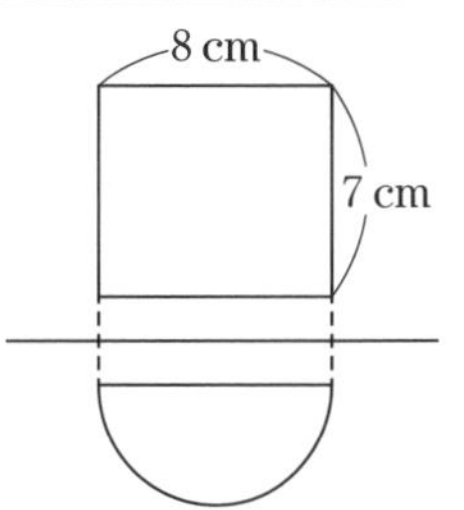


(1) この立体の体積を求めなさい。

(2) この立体の側面積を求めなさい。

**6** 右の図は，円錐の展開図です。次の問いに答えなさい。ただし，円周率は $\pi$ とします。 5分

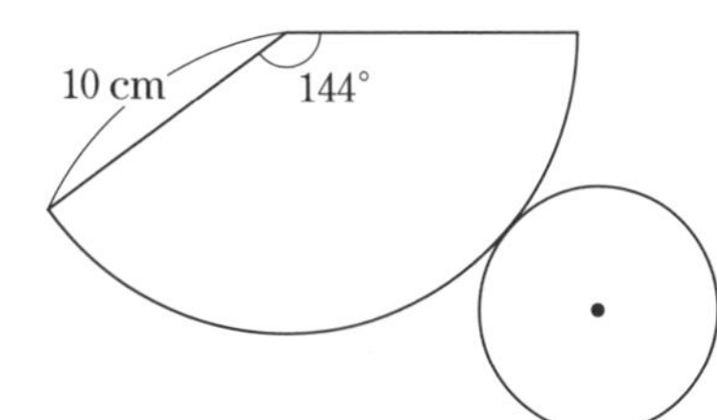


(1) 底面の半径を求めなさい。

(2) この円錐の表面積を求めなさい。

**7** 右のような図形を，直線 $\ell$ を回転の軸として 1 回転させます。できる立体について，次の問いに答えなさい。 5分

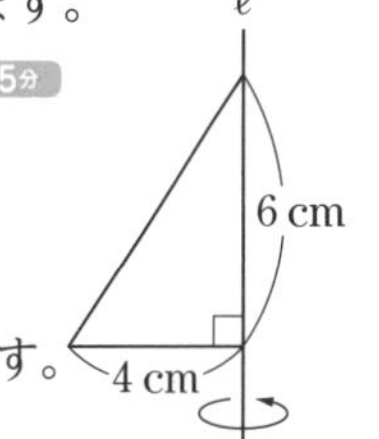


(1) どのような立体ができますか。

(2) できる立体の体積を求めなさい。ただし，円周率は $\pi$ とします。

## STEP 3 ゆとりで合格の問題

答え:別冊41ページ

**1** 右の図のような，各面が長方形と合同な台形でできている容器 A に，深さ 12 cm まで水が入っています。次の問いに答えなさい。 5分

(1) 水の体積は，何 $cm^3$ ですか。

(2) この水を，図の三角柱の容器 B に全部移すと，水の深さは何 cm になりますか。

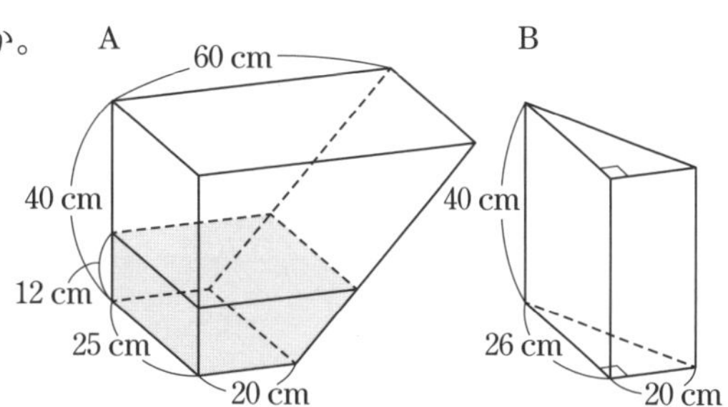

# データの活用の問題

## ☆基本の確認

### 「これだけは」チェック! データの活用の基本

①度数分布表とヒストグラム

**度数分布表** ⇨ データをいくつかの区間に分け，各区間のデータの個数を示した右のような表。

　データを整理するために用いる区間を**階級**，区間の幅を**階級の幅**，それぞれの階級のデータの個数を**度数**といい，それぞれの階級の中央の値を**階級値**という。

**ヒストグラム** ⇨ 度数の分布を見やすくした右のようなグラフ。

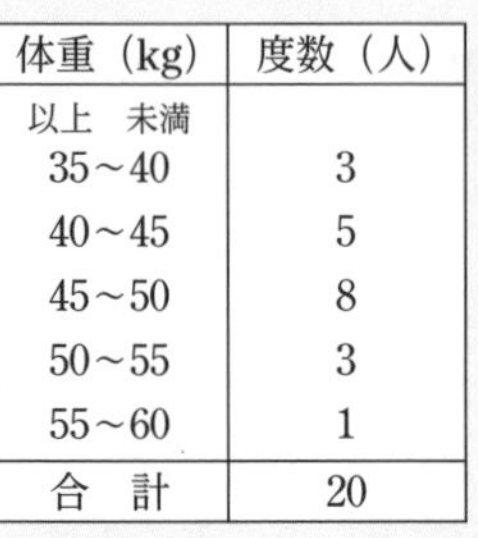

| 体重（kg） | 度数（人） |
|---|---|
| 以上　未満 | |
| 35～40 | 3 |
| 40～45 | 5 |
| 45～50 | 8 |
| 50～55 | 3 |
| 55～60 | 1 |
| 合　計 | 20 |

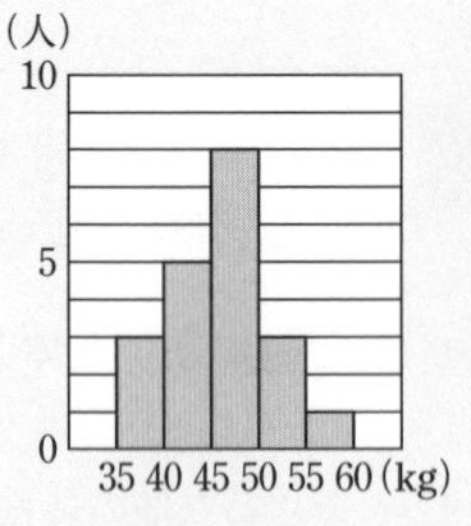


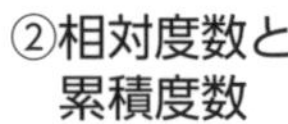

②相対度数と累積度数

$$\text{相対度数}=\frac{\text{その階級の度数}}{\text{度数の合計}}$$

例 40 kg 以上 45 kg 未満の階級の相対度数は，$\frac{5}{20}=0.25$

**累積度数** ⇨ 最初の階級からその階級までの度数を合計した値。

例 45 kg 以上 50 kg 未満の階級までの累積度数は，

　$3+5+8=16$(人)

③代表値

**平均値** ⇨ $\text{平均値}=\frac{\text{データの値の合計}}{\text{度数の合計}}$

**中央値** ⇨ データの値を大きさの順に並べたときの中央の値。

**最頻値** ⇨ データの値の中で，最も多く出てくる値。

▶次の □ にあてはまるものを入れなさい。　（解答は右下）

### ❶度数分布表とヒストグラム

上の度数分布表とヒストグラムで，

①　階級の幅は □ kg である。

②　体重が 40 kg の人が入っている階級は， □ kg 以上 □ kg 未満である。

用語の意味をしっかり理解して，表やグラフが表すことを読み取ろう！

学習日

月　日

③　45 kg 以上 50 kg 未満の階級の度数は，□人である。

④　50 kg 以上 55 kg 未満の階級の階級値は，□kg である。



## ❷相対度数と累積度数

右の表は，50 人の生徒の通学時間について，度数分布表に整理したものです。

| 階級(分) | 度数(人) |
|---|---|
| 以上　未満<br>5～10 | 5 |
| 10～15 | 9 |
| 15～20 | 11 |
| 20～25 | 13 |
| 25～30 | 8 |
| 30～35 | 4 |
| 計 | 50 |

①　いちばん度数が大きい階級は，□分以上□分未満の階級。

②　10 分以上 15 分未満の階級の相対度数は，

$\dfrac{\square}{50}=\square$

③　20 分以上 25 分未満の階級までの累積度数は，

5＋□＋□＋□＝□(人)

## ❸代表値

①　下の点数は，数学のテストの結果です。平均点は，□点です。

60 点，72 点，56 点，85 点，67 点

②　下のデータについて，中央値は，□です。

2，2，3，4，5，6，6，7，7，9

③　下のデータについて，最頻値は，□です。

1，3，4，5，5，7，7，7，8，8

❶①5　②40，45　③8　④52.5　❷①20，25　②9，0.18
③9，11，13，38　❸①68　〔コーチ (60＋72＋56＋85＋67)÷5＝68(点)〕
②5.5　③7

# ☆実戦解法テクニック

## 例題① 相対度数の問題→和が 1 になることに着目！

右の表は，ある中学校の 1 年男子の腕立てふせの記録を度数分布表にまとめたものです。表の $x$ の値を求めなさい。

| 回数(回) | 度数(人) | 相対度数 |
|---|---|---|
| 以上　未満 | | |
| 0～10 | 9 | 0.18 |
| 10～20 | 16 | 0.32 |
| 20～30 | 19 | $x$ |
| 30～40 | 6 | 0.12 |

解法　**相対度数の和は 1** であるから，

$0.18+0.32+x+0.12=1$

より，$x=1-(0.18+0.32+0.12)=\mathbf{0.38}$ ←答

参考　度数の合計は，9+16+19+6=50(人)だから，$x=\frac{19}{50}=0.38$ と求めてもよい。

## 例題② 累積相対度数の問題→まず累積度数を求めよう！

右の表は，40 人の男子生徒の 50 m 走の記録について，度数分布表に整理したものです。8.0 秒以上 8.5 秒未満の階級までの累積相対度数を求めなさい。

| 階級(秒) | 度数(人) |
|---|---|
| 以上　未満 | |
| 6.5～7.0 | 5 |
| 7.0～7.5 | 8 |
| 7.5～8.0 | 9 |
| 8.0～8.5 | 12 |
| 8.5～9.0 | 6 |
| 合　計 | 40 |

解法　**累積相対度数＝$\frac{\text{その階級までの度数の合計}}{\text{度数の合計}}$**

この階級の累積度数は，5+8+9+12=34(人)

累積相対度数は，$\frac{34}{40}=\mathbf{0.85}$ ←答

## 例題③ 場合の数の問題→樹形図にかいて調べよう！

3 枚の数字カード[2]，[3]，[4]を並べてできる 3 けたの整数は，何通りありますか。

解法　まず，百の位の数字を決め，十の位，一の位の順に決めていく。

| 百の位 | 十の位 | 一の位 | | |
|---|---|---|---|---|
| [2] | [3] | [4] | ⇨ | 234 |
| | [4] | [3] | ⇨ | 243 |
| [3] | [2] | [4] | ⇨ | 324 |
| | [4] | [2] | ⇨ | 342 |
| [4] | [2] | [3] | ⇨ | 423 |
| | [3] | [2] | ⇨ | 432 |

よって，2×3=**6(通り)** ←答

**■偶数・奇数は一の位から考える**

左の問題で，奇数は何通りできるかを考えると，

一の位は[3]で決定。

百の位，十の位は，[2]―[4]，[4]―[2]の 2 通り。

よって，2 通り。

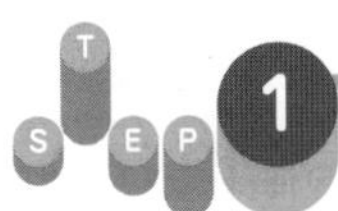

# 基本の問題

答え：別冊41ページ

**1** みかさんのクラスで10点満点の数学のテストを行い，35人の生徒がこのテストを受けました。右のグラフはその結果をまとめたものです。このとき，次の問いに答えなさい。 8分

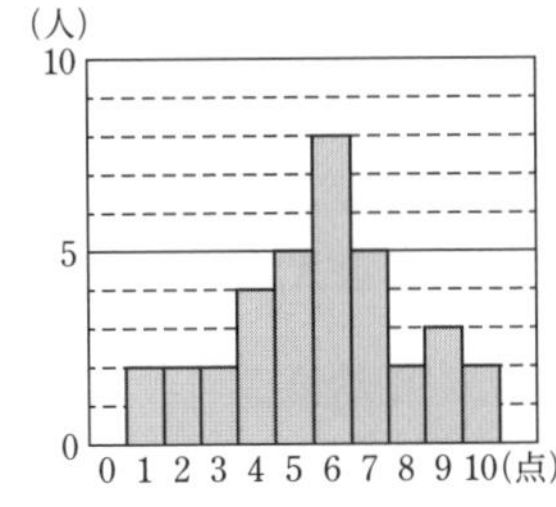


(1) 得点が6点の生徒数は，得点が4点の生徒数の何倍ですか。

(2) 得点が8点以上の生徒数は，全体の何％ですか。

(3) 35人の生徒の平均点は何点ですか。小数第2位を四捨五入して小数第1位まで求めなさい。

**2** 下のデータは，たかしさんの家でとれたニワトリの卵5個の重さを表しています。次の問いに答えなさい。 6分

65.3 g　　57.8 g　　63.2 g　　54.9 g　　60.3 g

(1) 分布の範囲を求めなさい。

(2) 平均値を求めなさい。

(3) 中央値を求めなさい。

**3** 右の表は，40人の男子生徒のハンドボールの記録について調べ，度数分布表に整理したものです。次の問いに答えなさい。 5分

| 階級(m)<br>以上　未満 | 度数(人) |
|---|---|
| 10～15 | 5 |
| 15～20 | 11 |
| 20～25 | 10 |
| 25～30 | 9 |
| 30～35 | 5 |
| 計 | 40 |

(1) 度数が最も大きい階級の階級値を求めなさい。

(2) 25 m未満の生徒は全体の何％ですか。

(3) 20 m以上25 m未満の階級の相対度数を求めなさい。

(4) 25 m以上30 m未満の階級までの累積度数を求めなさい。

❷次 数理技能

## STEP 2 合格力をつける問題

答え:別冊42ページ

**1** 右のドットプロットは，あるクラスの生徒25人の漢字テストの得点をまとめたものです。次の問いに答えなさい。 10分

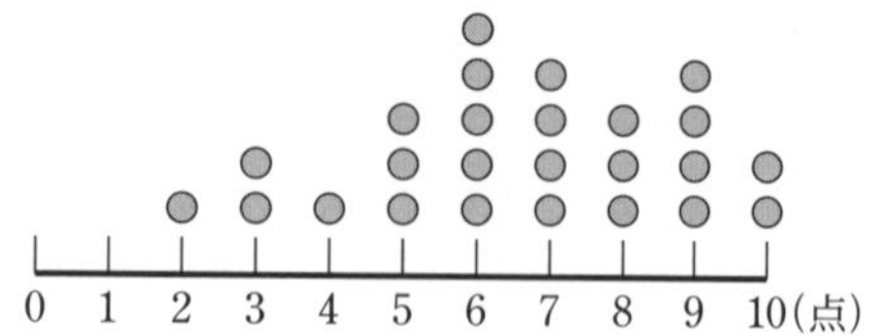


(1) 平均点は何点ですか。

(2) 最頻値は何点ですか。

(3) 中央値は何点ですか。

**2** 右の図は，ある中学校の男子生徒のハンドボール投げの記録を調べて，ヒストグラムにまとめたものです。次の問いに答えなさい。 10分

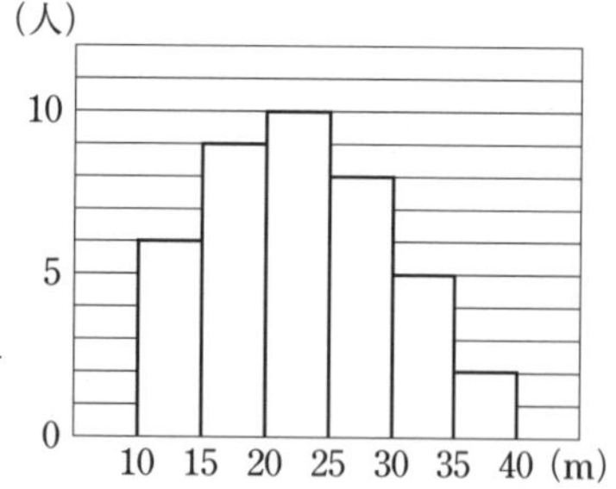


(1) 記録を調べた男子生徒は何人ですか。

(2) 度数が最も大きい階級の相対度数を求めなさい。

(3) 25 m 以上 30 m 未満の階級までの累積度数を求めなさい。

**3** 右の表は，ある中学校の生徒50人の通学時間について調べ，度数分布表に整理したものです。次の問いに答えなさい。 10分

| 階級(分) | 度数(人) |
|---|---|
| 以上 未満<br>5～10 | 4 |
| 10～15 | $x$ |
| 15～20 | 15 |
| 20～25 | 12 |
| 25～30 | 7 |
| 30～35 | 3 |
| 計 | 50 |

(1) $x$ の値を求めなさい。

(2) 10分以上15分未満の階級の相対度数を求めなさい。

(3) 20分以上25分未満の階級までの累積度数を求めなさい。

(4) 20分以上25分未満の階級までの累積相対度数を求めなさい。

**4** 右の表は，5点満点の数学の小テストの結果を度数分布表にまとめた一部です。次の問いに答えなさい。 5分

| 得点(点) | 度数(人) | 相対度数 |
|---|---|---|
| 5 | $x$ | 0.5 |
| 4 | 12 | 0.3 |

(1) 度数の合計は何人ですか。

(2) 表の $x$ にあてはまる数を求めなさい。



**5** お好み焼きを作ります。中に入れるものは，いか，ねぎ，肉，キャベツ，ピーマン，にんじんの6種類で，この中から何種類かを選んで作ります。次の問いに答えなさい。 6分

(1) 2種類を選ぶと，組み合わせは全部で何通りできますか。

(2) 5種類を選ぶと，組み合わせは全部で何通りできますか。

**6** 箱の中に，1，2，3，4の4枚のカードが入っています。この箱の中から，カードを3枚続けて取り出し，取り出した順に左から並べて3けたの整数をつくるとき，次の問いに答えなさい。 10分

(1) 3けたの整数は全部で何通りできますか。

(2) 3の倍数は何通りできますか。

## STEP 3 ゆとりで合格の問題

答え：別冊43ページ

**1** 右の表は，ある運動クラブの40人の体重を調べ，その結果を度数分布表にまとめたものですが，一部の度数がぬけています。

表の $x$，$y$，$z$ にあてはまる数を求めなさい。 10分

| 体重(kg) | 度数(人) | 相対度数 |
|---|---|---|
| 以上 未満<br>30～40 | | 0.05 |
| 40～50 | $x$ | $y$ |
| 50～60 | | 0.45 |
| 60～70 | 6 | 0.15 |
| 70～80 | 2 | $z$ |
| 合計 | 40 | 1.00 |

# 思考力を必要とする問題

## ★基本の確認

### 「これだけは」チェック！ 概数と数の規則性

| | |
|---|---|
| ①概数（がいすう） | **およその数**のこと。ふつう**四捨五入**して求める。<br>例 43651 を四捨五入で千の位まで求めると，<br>43651≒44000<br>3.1415 を四捨五入で小数第 2 位まで求めると，<br>3.1415 ≒ 3.14<br>参考 「≒」は，「ほぼ等しい」ということを表す記号である。 |
| ②数の規則性 | 数の並び方を見て，一定のきまりを見つける。<br>例 1，3，5，7，9，… ⇨ 奇数が並んでいる。<br>例 2，4，6，8，10，… ⇨ 偶数が並んでいる。<br>例 3，6，9，12，15，… ⇨ 3 の倍数が並んでいる。 |

▶次の □ にあてはまるものを入れなさい。（解答は右下）

### ❶概　数

① 一の位を四捨五入すると，
14 は □ になり，15 は □ になる。

4 は切り捨て，
5 は切り上げ。

② 4567 を四捨五入して，百の位までの概数で求める。
四捨五入するのは □ の位，求めた概数は □

③ 263910 を四捨五入して，上から 2 けたの概数で求める。
四捨五入するのは □ の位，求めた概数は □

④ 4.1872 を四捨五入して，小数第 2 位まで求める。
四捨五入するのは小数第 □ 位，求めた概数は □

数理技能検定では電卓が使えるので，統計や規則性の問題で活用しよう。

学習日　月　日

## ❷数の規則性

① 1, 3, 5, [　　], 9, …

② 2, 4, 8, 16, [　　], …

③ 0, 1, 3, 6, 10, [　　], …

④ 1, 2, 2, 3, 3, 3, 4, 4, 4, [　　], …

## ❸図形の規則性

下の図のように，●を正三角形の形に並べていきます。

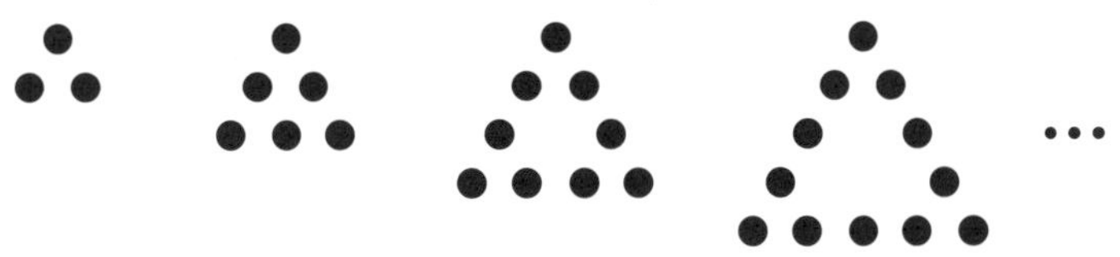

1番目　2番目　3番目　4番目

① 5番目の図形の●の数は，[　　]個です。

② $n$番目の図形の●の数を$n$を用いて表すと，[　　]個です。

③ 20番目の図形の●の数は，[　　]個です。

❶① 10, 20　②十, 4600　③千, 260000　④3, 4.19　❷① 7　② 32　③ 15　④ 4〔コーチ ②は前の数を2倍する。③は前後の数の差が1, 2, 3, 4, …である。〕❸① 15　② $3n$　③ 60〔コーチ $n$番目の正三角形の1辺に並ぶ●の数は$(n+1)$個〕

❷ 次 数理技能

# ☆実戦解法テクニック

## 例題❶ 統計の問題→電卓を使いこなそう！ 数理技能検定では，電卓が使える。

218 人は，927 人の何％ですか。四捨五入して小数第 1 位まで求めなさい。

**解法** 電卓を使って，下のように押す。

[2][1][8][÷][9][2][7][×][1][0][0][=]

または，[%] のキーがある場合は，

[2][1][8][÷][9][2][7][%] と押して，

23.51672… ％，**23.5 ％** ←答

> ■電卓は押す順序に注意！
>
> 例　1+2×3 を電卓で計算する。
>
> [1][+][2][×][3][=] と押すと，答えが 9 になる電卓がある。
>
> これは，**1+2 を先に計算する**からだ。注意しよう。

## 例題❷ 数の規則性の問題→並び方のきまりを確認！

次のように，数があるきまりで並んでいます。43 番目の数はいくつですか。　2，5，7，9，3，2，5，7，9，3，2，5，…

**解法** **2，5，7，9，3** の 5 個の数字を 1 組として，同じ数字がくり返されていることがわかる。

したがって，**43÷5=8 余り 3** より，43 番目の数は，5 個の数字を 8 回くり返したあとの 3 番目の数で，**7** ←答

## 例題❸ 図形の規則性の問題→増え方のきまりを見つける！

右の図のように，おはじきを正方形の形に並べていきます。10 番目の図形のおはじきの数を求めなさい。

1 番目　2 番目　3 番目

**解法** 右の図のように，$n$ 番目の正方形の 1 辺には$(n+1)$個のおはじきが並んでいる。

$n$ 番目の図形のおはじきの数は，（　）で囲んだ $n$ 個のおはじきの 4 つ分と考えられるから，$n\times4=4n$(個)

よって，10 番目の図形のおはじきの数は，

**$4\times10=40$(個)** ←答

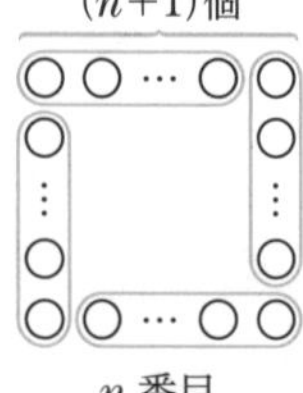

# 基本の問題

答え：別冊43ページ

**1** +1 か −1 のどちらかの数が書かれたカードがたくさんあります。このカードを +1, −1, +1, −1, …のように，+1 から始めて交互に並べてその和を計算するとき，次の問いに答えなさい。 5分

(1) 7 枚並べたときの 7 個の数の和を答えなさい。

(2) 100 枚並べたときの 100 個の数の和を答えなさい。

**2** 次の規則にしたがって左から順に数を並べていくとき，次の問いに答えなさい。 5分

・1 番目と 2 番目の数を定める。
・3 番目以降の数は，2 つ前の数と 1 つ前の数の和とする。

(1) 1 番目の数を 1，2 番目の数を 2 とするとき，10 番目の数を求めなさい。

(2) 1 番目の数を $a$，2 番目の数を $b$ とするとき，8 番目の数を $a$，$b$ を使って表しなさい。

**3** 右の図のように，黒い碁石を正五角形の形に並べていきます。次の問いに答えなさい。 5分

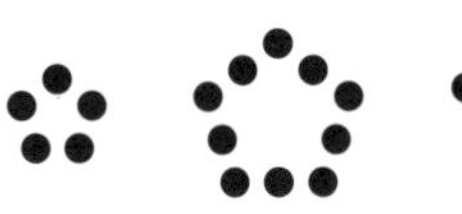

1 番目　2 番目　3 番目

(1) $n$ 番目の図形の碁石の数を $n$ を使って表しなさい。

(2) 15 番目の図形の碁石の数を求めなさい。

**4** ある正の整数 A について，A を 2 乗した数の一の位の値を【A】と表すこととします。たとえば，整数 A が 4 のとき，【4】=6 となります。次の値を求めなさい。 5分

(1) 【8】　　(2) 【【7】】

# 合格力をつける問題

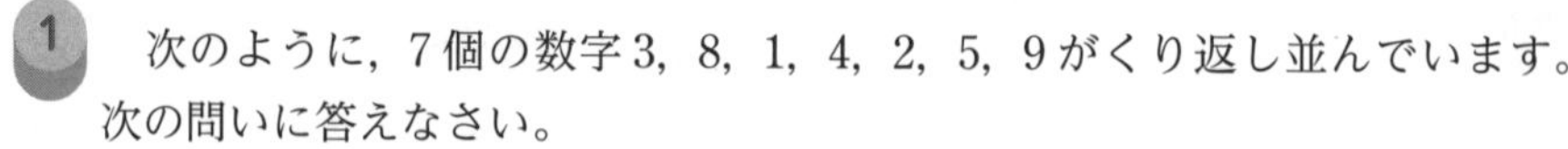

答え：別冊44ページ

**1** 次のように，7個の数字3，8，1，4，2，5，9がくり返し並んでいます。次の問いに答えなさい。

3，8，1，4，2，5，9，3，8，1，4，2，5，9，3，8，1，4，2，5，9，…

5分

(1) 50番目の数はいくつですか。

(2) 300番目の数はいくつですか。

**2** $\dfrac{16}{27}$を小数に直すと，0.5925925……と並んで，わり切れません。小数第47位はどんな数になりますか。

4分

**3** 下の図のように，おはじきを正三角形の形に並べていきます。次の問いに答えなさい。

10分

(1) おはじきを12個使いました。
1辺が何個の正三角形ができますか。

(2) 10番目の正三角形を作ったとき，内側をおはじきでうめると，内側には何個使いますか。

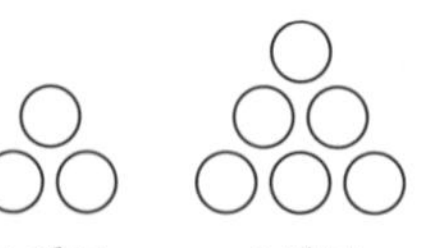
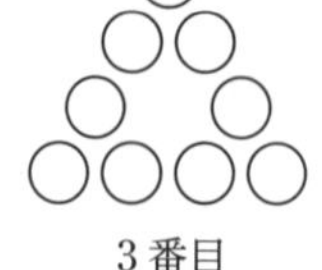

1番目　2番目　3番目

**4** 正の整数$a$，$b$について，$a+b=10$を成り立たせる$a$，$b$の値の組のうち，$a\times b$がもっとも大きくなるような$a$，$b$の値と$a\times b$の値を求めなさい。ただし，$a$，$b$が同じ数であってもかまいません。また，答えが何通りかある場合は，そのうちの1つを答えなさい。

5分

**5** 右の図のように，正の整数が1つずつ書かれたカードを，1段目には1，2段目には2，3，3段目には，4，5，6と順に並べていきます。次の問いに答えなさい。 5分

1段目　1
2段目　2　3
3段目　4　5　6
⋮

(1) 上から5段目の右端のカードの数はいくつですか。

(2) 40が書かれたカードは，何段目の左から何番目にありますか。



CHALLENGE チャレンジ！ **6** 袋の中に赤球と白球が5個ずつ入っています。中を見ないで，袋から球を取り出します。1度に何個かの球を取り出して，赤，白のどちらの色でもよいので，同じ色の球が必ず2個以上あるようにしたいと思います。取り出す球の数をできるだけ少なくするとき，取り出す球の数は何個になりますか。

ただし，これらの球は色以外に区別がつかないものとします。 

**7** ある整数Aについて，それぞれの位の数を2乗してたした値を，【A】と表すこととします。たとえば，整数Aが23のとき，【23】$=2^2+3^2=13$となります。

【【57】】の値を求めなさい。 

## STEP 3 ゆとりで合格の問題

答え：別冊45ページ

**1** 次のように，数字が左から順に，規則的に並んでいます。次の問いに答えなさい。　8，2，4，1，8，2，4，1，8，2，4，1，…… 8分

(1) 93番目にくる数字は何ですか。

(2) 1番目から78番目までの数字を全部加えると，いくつになりますか。

**2** 正の整数$a$，$b$，$c$について，$a+b+c=14$を成り立たせる$a$，$b$，$c$の値の組のうち，$a\times b\times c$がもっとも大きくなるような$a$，$b$，$c$の値と$a\times b\times c$の値を求めなさい。ただし，$a$，$b$，$c$が同じ数であってもかまいません。また，答えが何通りかある場合は，そのうちの1つを答えなさい。 5分

## ◆監修者紹介◆

### 公益財団法人 日本数学検定協会

公益財団法人日本数学検定協会は，全国レベルの実力・絶対評価システムである実用数学技能検定を実施する団体です。

第 1 回を実施した 1992 年には 5,500 人だった受検者数は 2006 年以降は年間 30 万人を超え，数学検定を実施する学校や教育機関も 18,000 団体を突破しました。

数学検定 2 級以上を取得すると文部科学省が実施する「高等学校卒業程度認定試験」の「数学」科目が試験免除されます。このほか，大学入学試験での優遇措置や高等学校等の単位認定等に組み入れる学校が増加しています。また，日本国内はもちろん，フィリピン，カンボジア，タイなどでも実施され，海外でも高い評価を得ています。

いまや数学検定は，数学・算数に関する検定のスタンダードとして，進学・就職に必須の検定となっています。

◆カバーデザイン：星 光信（Xin-Design）
◆本文デザイン：タムラ マサキ
◆本文キャラクター：une corn ウネハラ ユウジ
◆編集協力：(有) アズ
◆ DTP：(株) 明昌堂
データ管理コード：24-2031-1788（2022）

この本は，下記のように環境に配慮して製作しました。
・製版フィルムを使用しない CTP 方式で印刷しました。
・環境に配慮した紙を使用しています。

**読者アンケートのお願い**

本書に関するアンケートにご協力ください。下のコードか URL からアクセスし、以下のアンケート番号を入力してご回答ください。当事業部に届いたものの中から抽選で、「図書カードネットギフト」を贈呈いたします。

URL：https://ieben.gakken.jp/qr/suuken/
アンケート番号：305737

受かる！数学検定

# ⑤級 解答と解説

くわしい解説つきで，解き方がよくわかります。

「ミス注意」の問題には「ミス対策」があり，注意点がよくわかります。

## 第1章 計算技能検定［①次］【対策編】の解答

## ① 整数，小数の計算

問題：13ページ

### STEP 1 基本の問題

**1 解答** (1) 252000 (2) 153000 (3) 1750000 (4) 27 (5) 84 (6) 68

**解説**

(1)～(3) 0を省いて計算し，積の右に省いた0をつける。

(1) 42×6＝252より，252の右に省いた3つの0をつける。

(2) 17×9＝153より，153の右に省いた3つの0をつける。

(3) 35×5＝175より，175の右に省いた4つの0をつける。

(4)～(6) わられる数とわる数の0を同じ数だけ省いて計算する。

(4) 189÷7として計算する。

(5) 252÷3として計算する。

(6) 544÷8として計算する。

**2 解答** (1) 163.4 (2) 4.48 (3) 13.34 (4) 49.64 (5) 46.53 (6) 17.7

**解説**

① 小数点がないものとして計算する。

② 積の小数点は，かけられる数とかける数の小数点の右にあるけた数の和だけ，右から数えてうつ。

```
(1)      43        (2)     3.2
      ×  3.8             ×1.4
        344               128
       129                32
       163.4              4.48

(3)     2.9        (4)     6.8
      × 4.6              × 7.3
        174                204
       116                476
       13.34              49.64

(5)    51.7        (6)     7.08
      × 0.9              ×  2.5
       46.53               3540
                          1416
                          17.700
```

**3 解答** (1) 1.4 (2) 1.8 (3) 1.6 (4) 2.5 (5) 4.2 (6) 2.8

**解説**

① わる数の小数点を右に移して，整数に直す。

② わられる数の小数点も，わる数の小数点を移した数だけ右に移す。

③ わる数が整数のときと同じように計算し，商の小数点は，わられる数の右に移した小数点にそろえてうつ。

```
(1)        1.4      (2)        1.8
    2.6)3.6.4           3.7)6.6.6
         26                  37
         104                 296
         104                 296
           0                   0

(3)        1.6      (4)        2.5
    1.5)2.4             3.4)8.5
         15                  68
          90                 170
          90                 170
           0                   0
```

(5)
```
        4.2
9.4)39.4.8
    376
    188
    188
      0
```

(6)
```
          2.8
0.26)0.72.8
       52
       208
       208
         0
```

## STEP 2 合格力をつける問題

**1 解答** (1) 15120000 (2) 8400000
(3) 160 (4) 50000 (5) 46 (6) 60
(7) 35 (8) 82

**解説**

(1) 56×27 を計算して，その積に 0 を 4 個つける。
```
    56|00
×   27|00
   392|
  112 |
  1512|0000
```

(2) 175×48 を計算して，その積に 0 を 3 個つける。
```
   175|0
×   48|00
  1400|
  700 |
  8400|000
```

(3)
```
    0.4
×   400
  160.0
```

(4)
```
    6.25
×   8000
 50000.00
```

(5)
```
            46
13000)598000
       52
        78
        78
         0
```

(6)
```
          60
4900)294000
     294
       0
```

(7)
```
         35
2600)91000
     78
     130
     130
       0
```

(8)
```
               82
75000)6150000
      600
       150
       150
         0
```

**2 解答** (1) 409.92 (2) 46.787
(3) 1640.5 (4) 8.5 (5) 2.5 (6) 4.6

**解説**

(1)
```
   4.27
×    96
   2562
  3843
 409.92
```

(2)
```
   7.93
×   5.9
   7137
  3965
 46.787
```

(3)
```
    3.86
×    425
    1930
    772
  1544
  1640.50
```

(4)
```
        8.5
5.6)47.6
    448
     280
     280
       0
```

(5)
```
          2.5
7.24)18.10
     1448
      3620
      3620
         0
```

(6)
```
          4.6
2.85)13.11
     1140
      1710
      1710
         0
```

**3 解答** (1) 43.094 (2) 90.005
(3) 6.4548 (4) 3.1488 (5) 608.88
(6) 0.09 (7) 0.0552 (8) 0.08008

**解説**

(1)
```
   7.43
×   5.8
   5944
  3715
 43.094
```

(2)
```
  19.15
×   4.7
  13405
  7660
 90.005
```

(3)
```
   3.96
×  1.63
   1188
  2376
  396
 6.4548
```

(4)
```
   3.84
×  0.82
    768
  3072
 3.1488
```

```
(5)      20.64        (6)     0.375
      ×   29.5             ×   0.24
       10320                   1500
      18576                    750
      4128                  0.09000
      608.880

(7)    0.138          (8)     0.026
      ×  0.4               ×   3.08
      0.0552                    208
                               78
                            0.08008
```

**4 解答** (1) 1.29 (2) 0.53 (3) 0.89

(4) 72 (5) 8.24 (6) 40 (7) 6.5

(8) 270 (9) 0.85 (10) 0.065

**解説**

```
(1)        1.29       (2)        0.53
   4.7 )6.0.63           5.9 )3.1.27
         47                   295
         136                   177
          94                   177
          423                    0
          423
            0

(3)         0.89      (4)         72
   0.68 )0.60.52         3.6 )259.2
            544                252
             612                72
             612                72
               0                 0

(5)         8.24      (6)          40
   7.5 )61.8.            2.35 )94.00
         600                   940
          180                    0
          150
           300
           300
             0

(7)          6.5      (8)          270
   1.92 )12.48.          0.16 )43.20
           1152                32
             960               112
             960               112
               0                 0

(9)          0.85     (10)       0.065
   0.94 )0.79.9          1.8 )0.1.17
           752                108
            470                 90
            470                 90
              0                  0
```

**5 解答** (1) 2.5852 (2) 131.22

(3) 0.628 (4) 38 (5) 21.5 (6) 12.56

(7) 52 (8) 74.5

**解説**

(1)(2) かけられる数とかける数を入れかえても**積は同じ**だから，かける数のけた数が少ないほうが計算が楽。

```
(1)     5.62          (2)      7.29
     ×  0.46               ×     18
        3372                   5832
       2248                    729
       2.5852                131.22
```

(3) 原式$=1-0.372=0.628$

**ミス対策** 左から順に計算してはいけない。－と×が混じった式だから，**乗法を先**に計算すること。

(4) 原式$=27.3+10.7=38$

(5) 乗法部分の4.3が共通だから，計算のきまりを使って，

原式$=4.3\times(6.2-1.2)=4.3\times5$

$=21.5$

(6) 原式$=3.14\times(1.66+2.34)$

$=3.14\times4=12.56$

(7) 原式$=2.6\times(2.5\times8)=2.6\times20=52$

(8) 原式$=7.45\times(0.8\times12.5)$

$=7.45\times10=74.5$

## STEP 3 ゆとりで合格の問題

**1 解答** (1) 2.7 (2) 27.45 (3) 0.3

(4) 13 (5) 56.1 (6) 2.46

**解説**

(1) 左から順に計算する。

原式
$=62.1\div23$
$=2.7$

```
  1 3.8            2.7
×   4.5     23)6 2.1
  6 9 0        4 6
5 5 2          1 6 1
6 2.1 0        1 6 1
                   0
```

(2) かっこの中→乗法→減法の順に計算する。

原式
$=60-3.5\times9.3$
$=60-32.55$
$=27.45$

```
    3.5
×   9.3
  1 0 5
3 1 5
3 2.5 5
```

(3) 2.5 と 0.4，1.5 と 0.2 を先に計算すると，計算が簡単になる。

原式$=(2.5\times0.4)\times(1.5\times0.2)$
$=1\times0.3=0.3$

(4) 分配法則を逆に使って，2.6 でくくる。

原式$=(9+1-5)\times2.6=5\times2.6=13$

(5) 3×19 を先に計算して，分配法則を逆に使って，5.1 でくくる。

原式$=(57\times5.1+64\times5.1)\div11$
$=\{(57+64)\times5.1\}\div11$
$=(121\times5.1)\div11=121\div11\times5.1$
$=11\times5.1=56.1$

(6) $12.3\times0.15=(1.23\times10)\times0.15$
$=1.23\times(0.15\times10)=1.23\times1.5$
として計算する。

原式$=1.23\times3.5-1.23\times1.5$
$=1.23\times(3.5-1.5)=1.23\times2=2.46$

## 2 分数の計算

問題：17ページ

### STEP 1 基本の問題

**1 解答** (1) $\frac{5}{6}$ (2) $\frac{5}{8}$ (3) $\frac{13}{18}$ (4) $\frac{1}{6}$
(5) $\frac{1}{10}$ (6) $\frac{11}{36}$

**解説**

通分するときは，**分母の最小公倍数を共通な分母**にする。

(1) 原式$=\frac{2}{6}+\frac{3}{6}=\frac{5}{6}$

(2) 原式$=\frac{2}{8}+\frac{3}{8}=\frac{5}{8}$

(3) 原式$=\frac{10}{18}+\frac{3}{18}=\frac{13}{18}$

(4) 原式$=\frac{5}{6}-\frac{4}{6}=\frac{1}{6}$

(5) 原式$=\frac{5}{10}-\frac{4}{10}=\frac{1}{10}$

(6) 原式$=\frac{27}{36}-\frac{16}{36}=\frac{11}{36}$

**2 解答** (1) $\frac{9}{4}$ (2) $\frac{8}{15}$ (3) $\frac{2}{15}$ (4) $\frac{2}{9}$
(5) $\frac{18}{25}$ (6) $\frac{21}{32}$

※答えが1より大きくなったときは，仮分数で表しても，帯分数で表しても正解。以下，すべて同じ。

**解説**

(1) 原式$=\frac{3\times\overset{3}{\cancel{6}}}{\underset{4}{\cancel{8}}}=\frac{9}{4}$

**ミス対策** 約分できるときは，**計算の途中で約分**する。

(2) 原式$=\frac{4\times2}{5\times3}=\frac{8}{15}$

(3) 原式$=\frac{2\times\overset{1}{\cancel{3}}}{\underset{3}{\cancel{9}}\times5}=\frac{2}{15}$

除法は，わる数を逆数にして，**乗法に直して計算**する。

(4) 原式$=\frac{8}{9}\times\frac{1}{4}=\frac{\overset{2}{\cancel{8}}\times1}{9\times\underset{1}{\cancel{4}}}=\frac{2}{9}$

(5) 原式$=\frac{3}{5}\times\frac{6}{5}=\frac{3\times6}{5\times5}=\frac{18}{25}$

(6)　原式$=\frac{7}{12}\times\frac{9}{8}=\frac{7\times\overset{3}{\cancel{9}}}{\underset{4}{\cancel{12}}\times8}=\frac{21}{32}$

**3 解答**　(1) 0.8　(2) 1.5　(3) $\frac{7}{10}$　(4) $\frac{5}{4}$

解説

(1)　$\frac{4}{5}=4\div5=0.8$

(2)　帯分数は仮分数に直す。

$1\frac{1}{2}=\frac{3}{2}=3\div2=1.5$

(3)　$0.7=\frac{7}{10}$

(4)　$1.25=\frac{125}{100}=\frac{5}{4}$

**4 解答**　(1) $\frac{3}{4}$　(2) $\frac{4}{15}$

解説

**小数を分数**に直して計算する。

(1)　原式$=\frac{1}{4}+\frac{1}{2}=\frac{1}{4}+\frac{2}{4}=\frac{3}{4}$

(2)　原式$=\frac{3}{5}-\frac{1}{3}=\frac{9}{15}-\frac{5}{15}=\frac{4}{15}$

## STEP 2 合格力をつける問題

**1 解答**　(1) $2\frac{7}{12}$　(2) $\frac{13}{20}$　(3) $5\frac{23}{35}$

(4) $\frac{1}{15}$　(5) $\frac{19}{24}$　(6) $2\frac{17}{21}$

解説

(1)　原式$=1\frac{9}{12}+\frac{10}{12}=1\frac{19}{12}=2\frac{7}{12}$

(2)　原式$=\frac{14}{60}+\frac{25}{60}=\frac{39}{60}=\frac{13}{20}$

(3)　原式$=1\frac{28}{35}+3\frac{30}{35}=4\frac{58}{35}=5\frac{23}{35}$

(4)　原式$=\frac{27}{30}-\frac{25}{30}=\frac{2}{30}=\frac{1}{15}$

(5)　原式$=1\frac{9}{24}-\frac{14}{24}=\frac{33}{24}-\frac{14}{24}=\frac{19}{24}$

(6)　原式$=4\frac{7}{42}-1\frac{15}{42}=3\frac{49}{42}-1\frac{15}{42}$

$=2\frac{34}{42}=2\frac{17}{21}$

**2 解答**　(1) $\frac{7}{6}$　(2) $\frac{17}{9}$　(3) $1\frac{7}{30}$　(4) $\frac{39}{40}$

解説

(1)(2)は**左から順**に計算し，(3)(4)は**(　)の中から先**に計算する。

(1)　原式$=1\frac{20}{30}-\frac{24}{30}+\frac{9}{30}$

$=\frac{50}{30}-\frac{24}{30}+\frac{9}{30}=\frac{35}{30}=\frac{7}{6}$

(2)　原式$=3\frac{9}{18}-\frac{8}{18}-1\frac{3}{18}$

$=\frac{63}{18}-\frac{8}{18}-\frac{21}{18}=\frac{34}{18}=\frac{17}{9}$

(3)　原式$=2\frac{12}{30}-\left(\frac{15}{30}+\frac{20}{30}\right)=2\frac{12}{30}-\frac{35}{30}$

$=1\frac{42}{30}-\frac{35}{30}=1\frac{7}{30}$

(4)　原式$=1\frac{30}{40}-\left(1\frac{16}{40}-\frac{25}{40}\right)$

$=1\frac{30}{40}-\left(\frac{56}{40}-\frac{25}{40}\right)=\frac{70}{40}-\frac{31}{40}=\frac{39}{40}$

**3 解答**　(1) 0.125　(2) 0.24　(3) 2.075

(4) $\frac{27}{20}$　(5) $\frac{91}{25}$　(6) $\frac{5}{8}$

解説

(1)　$\frac{1}{8}=1\div8=0.125$

(2)　$\frac{6}{25}=6\div25=0.24$

(3)　$2\frac{3}{40}=\frac{83}{40}=83\div40=2.075$

(4)　$1.35=\frac{135}{100}=\frac{27}{20}$

(5)　$3.64=\frac{364}{100}=\frac{91}{25}$

(6)　$0.625=\frac{625}{1000}=\frac{5}{8}$

**4 解答**　(1) $\frac{52}{15}$　(2) $\frac{1}{3}$　(3) $\frac{55}{9}$　(4) 2

(5) $\frac{9}{2}$　(6) 3　(7) $\frac{1}{18}$　(8) 6　(9) $\frac{4}{3}$　(10) 4

解説

**帯分数は仮分数**に直し，除法は**わる数の逆数をかける形**に直して計算する。

(1)　原式$=\frac{4}{5}\times\frac{13}{3}=\frac{4\times13}{5\times3}=\frac{52}{15}$

(2)　原式$=\frac{13}{6}\times\frac{2}{13}=\frac{\overset{1}{\cancel{13}}\times\overset{1}{\cancel{2}}}{\underset{3}{\cancel{6}}\times\underset{1}{\cancel{13}}}=\frac{1}{3}$

(3)　原式$=\frac{22}{21}\times\frac{35}{6}=\frac{\overset{11}{\cancel{22}}\times\overset{5}{\cancel{35}}}{\underset{3}{\cancel{21}}\times\underset{3}{\cancel{6}}}=\frac{55}{9}$

(4)　原式$=\frac{5}{4}\times\frac{8}{5}=\frac{\overset{1}{\cancel{5}}\times\overset{2}{\cancel{8}}}{\underset{1}{\cancel{4}}\times\underset{1}{\cancel{5}}}=2$

(5)　原式$=12\div\frac{8}{3}=12\times\frac{3}{8}=\frac{\overset{3}{\cancel{12}}\times3}{\underset{2}{\cancel{8}}}$

$=\frac{9}{2}$

(6)　原式$=\frac{96}{5}\div\frac{32}{5}=\frac{96}{5}\times\frac{5}{32}$

$=\frac{\overset{3}{\cancel{96}}\times\overset{1}{\cancel{5}}}{\underset{1}{\cancel{5}}\times\underset{1}{\cancel{32}}}=3$

(7)　原式$=\frac{\overset{1}{\cancel{5}}\times\overset{1}{\cancel{3}}\times\overset{1}{\cancel{2}}}{\underset{\cancel{2}\,1}{\cancel{6}}\times\underset{2}{\cancel{10}}\times9}=\frac{1}{18}$

(8)　原式$=\frac{14}{1}\div\frac{5}{3}\div\frac{7}{5}=\frac{14}{1}\times\frac{3}{5}\times\frac{5}{7}$

$=\frac{\overset{2}{\cancel{14}}\times3\times\overset{1}{\cancel{5}}}{1\times\underset{1}{\cancel{5}}\times\underset{1}{\cancel{7}}}=6$

(9)　原式$=\frac{5}{7}\times\frac{16}{15}\times\frac{7}{4}=\frac{\overset{1}{\cancel{5}}\times\overset{4}{\cancel{16}}\times\overset{1}{\cancel{7}}}{\underset{1}{\cancel{7}}\times\underset{3}{\cancel{15}}\times\underset{1}{\cancel{4}}}$

$=\frac{4}{3}$

(10)　原式$=\frac{16}{9}\div\frac{7}{6}\times\frac{21}{8}=\frac{16}{9}\times\frac{6}{7}\times\frac{21}{8}$

$=\frac{\overset{2}{\cancel{16}}\times\overset{2}{\cancel{6}}\times\overset{\cancel{3}\,1}{\cancel{21}}}{\underset{\cancel{3}\,1}{\cancel{9}}\times\underset{1}{\cancel{7}}\times\underset{1}{\cancel{8}}}=4$

**5 解答**　(1) $\frac{63}{20}$　(2) $\frac{23}{27}$　(3) $\frac{225}{32}$　(4) $\frac{3}{2}$

(5) $\frac{37}{26}$　(6) $\frac{1}{6}$　(7) $\frac{2}{3}$　(8) $\frac{7}{2}$

**解説**

**乗除は加減より先**に計算する。また，（　）があるときは，**（　）内を先**に計算する。

(1)　原式$=\frac{17}{5}-\frac{3}{10}\times\frac{5}{6}=\frac{17}{5}-\frac{1}{4}$

$=\frac{68}{20}-\frac{5}{20}=\frac{63}{20}$

(2)　原式$=1\frac{2}{9}-\frac{5}{6}\div\frac{9}{4}$

$=1\frac{2}{9}-\frac{5}{6}\times\frac{4}{9}=\frac{11}{9}-\frac{10}{27}$

$=\frac{33}{27}-\frac{10}{27}=\frac{23}{27}$

(3)　原式$=\frac{9}{8}+\frac{21}{8}\div\frac{4}{9}=\frac{9}{8}+\frac{21}{8}\times\frac{9}{4}$

$=\frac{36}{32}+\frac{189}{32}=\frac{225}{32}$

(4)　原式$=\left(2\frac{2}{12}-1\frac{9}{12}\right)\times\frac{18}{5}$

$=\frac{5}{12}\times\frac{18}{5}=\frac{3}{2}$

(5)　原式$=\left(\frac{19}{6}-\frac{13}{8}\right)\div\frac{13}{12}$

$=\left(\frac{76}{24}-\frac{39}{24}\right)\div\frac{13}{12}=\frac{37}{24}\times\frac{12}{13}=\frac{37}{26}$

(6)　原式$=\frac{3}{14}\times\left(\frac{17}{12}-\frac{10}{12}\right)\times\frac{4}{3}$

$=\frac{3}{14}\times\frac{7}{12}\times\frac{4}{3}=\frac{1}{6}$

(7)　原式$=\frac{4}{9}\div\frac{4}{3}+\frac{7}{12}\times\frac{4}{7}$

$=\frac{4}{9}\times\frac{3}{4}+\frac{7}{12}\times\frac{4}{7}=\frac{1}{3}+\frac{1}{3}=\frac{2}{3}$

(8)　原式$=\frac{12}{5}\times\frac{7}{4}-\frac{9}{5}\times\frac{7}{18}$

$=\frac{21}{5}-\frac{7}{10}=\frac{42}{10}-\frac{7}{10}=\frac{35}{10}=\frac{7}{2}$

**6 解答**　(1) $\frac{41}{45}$　(2) $\frac{27}{28}$　(3) $1\frac{3}{4}$　(4) $\frac{14}{15}$

(5) 56　(6) $\frac{25}{6}$　(7) $6\frac{1}{10}$　(8) $\frac{27}{40}$

(9) 1　(10) $\frac{1}{6}$

**解説**

小数を分数に直してから，これまでと同じように計算すればよい。

(1)　原式$=\frac{3}{5}-\frac{2}{9}+\frac{8}{15}$

$=\frac{27}{45}-\frac{10}{45}+\frac{24}{45}=\frac{41}{45}$

(2)　原式$=\frac{37}{28}-\left(\frac{6}{7}-\frac{1}{2}\right)$

$=\frac{37}{28}-\left(\frac{12}{14}-\frac{7}{14}\right)=\frac{37}{28}-\frac{5}{14}$

$=\frac{37}{28}-\frac{10}{28}=\frac{27}{28}$

(3)　原式$=3\frac{2}{5}-\left(\frac{7}{20}+1\frac{6}{20}\right)$

$=3\frac{2}{5}-1\frac{13}{20}=3\frac{8}{20}-1\frac{13}{20}$

$=1\frac{15}{20}=1\frac{3}{4}$

(4)　原式$=1\frac{3}{4}\div\frac{3}{8}\times\frac{1}{5}=\frac{7}{4}\times\frac{8}{3}\times\frac{1}{5}$

$=\frac{7\times\overset{2}{\cancel{8}}\times1}{\underset{1}{\cancel{4}}\times3\times5}=\frac{14}{15}$

(5)　原式$=\frac{11}{5}\div\frac{11}{14}\times\frac{5}{1}\div\frac{1}{4}$

$=\frac{11}{5}\times\frac{14}{11}\times\frac{5}{1}\times\frac{4}{1}=56$

(6)　原式$=5\frac{1}{5}\times2\frac{1}{4}\div\frac{26}{100}\div10\frac{4}{5}$

$=\frac{26}{5}\times\frac{9}{4}\div\frac{13}{50}\div\frac{54}{5}=\frac{26}{5}\times\frac{9}{4}\times\frac{50}{13}\times\frac{5}{54}$

$=\frac{\overset{\cancel{2}\,1}{\cancel{26}}\times\overset{1}{\cancel{9}}\times\overset{25}{\cancel{50}}\times\overset{1}{\cancel{5}}}{\underset{1}{\cancel{5}}\times\underset{\cancel{2}\,1}{\cancel{4}}\times\underset{1}{\cancel{13}}\times\underset{6}{\cancel{54}}}=\frac{25}{6}$

(7)　原式$=1\frac{3}{5}+\frac{5}{3}\times\frac{27}{10}=1\frac{3}{5}+4\frac{1}{2}$

$=1\frac{6}{10}+4\frac{5}{10}=5\frac{11}{10}=6\frac{1}{10}$

(8)　原式$=\frac{9}{8}-\frac{3}{10}\times\frac{3}{2}=\frac{9}{8}-\frac{9}{20}$

$=\frac{45}{40}-\frac{18}{40}=\frac{27}{40}$

(9)　原式$=\left(\frac{4}{5}-\frac{9}{20}\right)\times\frac{20}{7}$

$=\left(\frac{16}{20}-\frac{9}{20}\right)\times\frac{20}{7}=\frac{7}{20}\times\frac{20}{7}=1$

(10)　原式$=\left(2\frac{4}{5}-1\frac{5}{6}\right)\div5\frac{4}{5}$

$=\left(\frac{14}{5}-\frac{11}{6}\right)\div\frac{29}{5}=\left(\frac{84}{30}-\frac{55}{30}\right)\times\frac{5}{29}$

$=\frac{29}{30}\times\frac{5}{29}=\frac{1}{6}$

## STEP 3 ゆとりで合格の問題

**1 解答**　(1) $\frac{3}{10}$　(2) $\frac{20}{9}$　(3) $\frac{1}{10}$

(4) $\frac{19}{6}$　(5) $\frac{17}{6}$　(6) $\frac{1}{2}$

**解説**

(1)　原式$=\frac{6}{25}\times\left(\frac{3}{12}+\frac{2}{12}\right)+\frac{1}{5}$

$=\frac{6}{25}\times\frac{5}{12}+\frac{1}{5}=\frac{1}{10}+\frac{2}{10}=\frac{3}{10}$

(2)　原式$=\left(\frac{5}{3}-\frac{3}{5}\right)\times\frac{4}{3}\div\frac{64}{100}$

$=\left(\frac{25}{15}-\frac{9}{15}\right)\times\frac{4}{3}\div\frac{16}{25}=\frac{16}{15}\times\frac{4}{3}\times\frac{25}{16}$

$=\frac{20}{9}$

(3)　原式$=\left(\frac{6}{5}-\frac{3}{4}\right)\div\left(7\times\frac{9}{14}\right)$

$=\left(\frac{24}{20}-\frac{15}{20}\right)\div\frac{9}{2}=\frac{9}{20}\times\frac{2}{9}=\frac{1}{10}$

(4)　原式$=3\frac{1}{4}-\left(2\frac{1}{2}-1\frac{3}{4}\right)+\frac{2}{3}$

$=\frac{13}{4}-\left(\frac{5}{2}-\frac{7}{4}\right)+\frac{2}{3}$

$=\frac{13}{4}-\left(\frac{10}{4}-\frac{7}{4}\right)+\frac{2}{3}=\frac{13}{4}-\frac{3}{4}+\frac{2}{3}$

$=\frac{10}{4}+\frac{2}{3}=\frac{5}{2}+\frac{2}{3}=\frac{15}{6}+\frac{4}{6}=\frac{19}{6}$

(5)　原式$=\frac{9}{5}\times\frac{5}{3}-\left(\frac{10}{12}-\frac{9}{12}\right)\div\frac{1}{2}$

$=3-\frac{1}{12}\times\frac{2}{1}=3-\frac{1}{6}=\frac{18}{6}-\frac{1}{6}=\frac{17}{6}$

(6)　原式$=\left(\frac{6}{5}+\frac{3}{4}\right)\div\left(1\frac{3}{4}-\frac{2}{3}\right)-\frac{13}{10}$

$=\left(\frac{24}{20}+\frac{15}{20}\right)\div\left(\frac{21}{12}-\frac{8}{12}\right)-\frac{13}{10}$

$=\frac{39}{20}\div\frac{13}{12}-\frac{13}{10}=\frac{39}{20}\times\frac{12}{13}-\frac{13}{10}$

$=\frac{9}{5}-\frac{13}{10}=\frac{18}{10}-\frac{13}{10}=\frac{5}{10}=\frac{1}{2}$

# 3 倍数と約数，比

問題:21ページ

## STEP 1 基本の問題

**1 解答** (1) 3, 6, 9, 12, 15
(2) 1, 2, 3, 6, 9, 18

**解説**

(1) 3に整数1, 2, 3, 4, 5をかける。

(2) 18をわり切ることができる整数を見つける。

**2 解答** (1) 12 (2) 10 (3) 28

**解説**

(1) 3の倍数 ⇨ 3, 6, 9, ⑫, …
4の倍数 ⇨ 4, 8, ⑫, …
よって，3と4の最小公倍数は12

**【別解】** 3と4の公倍数は，大きいほうの4の倍数を求めて，その中で3でわり切れる数を見つける。

| 4の倍数 | 4 | 8 | 12 | … |
|---|---|---|---|---|
| 3でわり切れる | × | × | ○ | … |

3と4の公倍数のうち，いちばん小さい数が最小公倍数。

(2) 5の倍数 ⇨ 5, ⑩, …
10の倍数 ⇨ ⑩, …
よって，5と10の最小公倍数は10
このように，大きいほうの数10が小さいほうの数5の倍数になっている場合は，大きいほうの数が最小公倍数になる。

(3) 4の倍数 ⇨ 4, 8, 12, 16, 20, 24, ㉘, …
7の倍数 ⇨ 7, 14, 21, ㉘, …
よって，4と7の最小公倍数は28

**3 解答** (1) 3 (2) 7 (3) 8

**解説**

(1) 12の約数 ⇨①, 2, ③, 4, 6, 12
15 の約数 ⇨①, ③, 5, 15
○印をつけた数が12と15の公約数で，最大公約数は3

**【別解】** 12と15の公約数は，小さいほうの12の約数を求めて，その中で15をわり切れる数を見つける。

12の約数は，1, 2, 3, 4, 6, 12これらの中で15をわり切れる数は，1, 3

12と15の公約数のうち，いちばん大きい数が最大公約数。

(2) 28の約数 ⇨①, 2, 4, ⑦, 14, 28
35の約数 ⇨①, 5, ⑦, 35
○印をつけた数が28と35の公約数で，最大公約数は7

(3) 8の約数 ⇨①, ②, ④, ⑧
16の約数 ⇨①, ②, ④, ⑧, 16
○印をつけた数が8と16の公約数で，最大公約数は 8
このように，小さいほうの数8が大きいほうの数16の約数になっている場合は，小さいほうの数が最大公約数になる。

**4 解答** (1) $\frac{3}{4}$ (2) $\frac{1}{10}$ (3) $\frac{7}{2}$ (4) $\frac{1}{2}$
(5) $\frac{3}{2}$ (6) 2

**解説**

$a:b$ の比の値 ⇨ $\boldsymbol{a \div b = \frac{a}{b}}$ である。

(1) $3 \div 4 = \frac{3}{4}$ (2) $1 \div 10 = \frac{1}{10}$

(3) $7 \div 2 = \frac{7}{2}$ (4) $3 \div 6 = \frac{3}{6} = \frac{1}{2}$

(5) $9 \div 6 = \frac{9}{6} = \frac{3}{2}$ (6) $8 \div 4 = \frac{8}{4} = 2$

**5 解答**　(1) 1：5　(2) 3：4　(3) 3：1
(4) 6：5　(5) 3：5　(6) 7：4

**解説**

比の両方の数に**同じ数をかけても，同じ数でわっても，**それらの比は**みな等しい**ことを利用する。

(1)　2：10＝(2÷2)：(10÷2)＝1：5
(2)　9：12＝(9÷3)：(12÷3)＝3：4
(3)　21：7＝(21÷7)：(7÷7)＝3：1
(4)　18：15＝(18÷3)：(15÷3)＝6：5
(5)　0.3：0.5＝(0.3×10)：(0.5×10)
＝3：5
(6)　$\frac{7}{9}:\frac{4}{9}=\left(\frac{7}{9}\times9\right):\left(\frac{4}{9}\times9\right)=7:4$

## STEP 2 合格力をつける問題

**1 解答**　(1) 24　(2) 40　(3) 45　(4) 48
(5) 120　(6) 54

**解説**

(1)　6の倍数 ⇨ 6, 12, 18, ㉔, …
8の倍数 ⇨ 8, 16, ㉔, …
よって，6と8の最小公倍数は24
(2)　8の倍数 ⇨ 8, 16, 24, 32, ㊵, …
20の倍数 ⇨ 20, ㊵, …
よって，8と20の最小公倍数は40
(3)　9の倍数 ⇨ 9, 18, 27, 36, ㊺, …
15の倍数 ⇨ 15, 30, ㊺, …
よって，9と15の最小公倍数は45
(4)　12の倍数 ⇨ 12, 24, 36, ㊽, …
16の倍数 ⇨ 16, 32, ㊽, …
よって，12と16の最小公倍数は48
(5)　15の倍数 ⇨ 15, 30, 45, 60, 75, 90, 105, (120), …
24の倍数 ⇨ 24, 48, 72, 96, (120), …
よって，15と24の最小公倍数は120
(6)　18の倍数 ⇨ 18, 36, (54), …
27の倍数 ⇨ 27, (54), …
よって，18と27の最小公倍数は54

**2 解答**　(1) 6　(2) 3　(3) 12　(4) 18
(5) 25　(6) 15

**解説**

(1)　12の約数 ⇨①,②,③,4,⑥,12
18の約数 ⇨①,②,③,⑥,9,18
○印をつけた数が12と18の公約数で，最大公約数は6
(2)　15の約数 ⇨①,③, 5, 15
21の約数 ⇨①,③, 7, 21
○印をつけた数が15と21の公約数で，最大公約数は3
(3)　24の約数 ⇨①,②,③,④,⑥,8, ⑫, 24
60の約数 ⇨①,②,③,④,5,⑥, 10,⑫, 15, 20, 30, 60
○印をつけた数が24と60の公約数で，最大公約数は12
(4)　36の約数 ⇨①,②,③,4,⑥,⑨, 12, ⑱, 36
54の約数 ⇨①,②,③,⑥,⑨, ⑱, 27, 54
○印をつけた数が36と54の公約数で，最大公約数は18
(5)　75の約数 ⇨①, 3,⑤, 15, ㉕, 75
100の約数 ⇨①, 2, 4,⑤, 10, 20, ㉕, 50, 100
○印をつけた数が75と100の公約数で，最大公約数は25
(6)　105の約数 ⇨①,③,⑤, 7, ⑮, 21, 35, 105
135の約数 ⇨①,③,⑤, 9, ⑮, 27, 45, 135

○印をつけた数が105と135の公約数で，最大公約数は15

**3 解答** (1) $\frac{2}{3}$ (2) $\frac{3}{4}$ (3) 3 (4) $\frac{3}{8}$ (5) $\frac{1}{4}$ (6) $\frac{2}{5}$ (7) 2 (8) $\frac{3}{2}$ (9) $\frac{9}{4}$

**解説**

(1) $30 \div 45 = \frac{30}{45} = \frac{2}{3}$

(2) $39 \div 52 = \frac{39}{52} = \frac{3}{4}$

(3) $54 \div 18 = \frac{54}{18} = 3$

(4) $2.4 \div 6.4 = 24 \div 64 = \frac{24}{64} = \frac{3}{8}$

(5) $0.6 \div 2.4 = 6 \div 24 = \frac{6}{24} = \frac{1}{4}$

(6) $1.6 \div 4 = 16 \div 40 = \frac{16}{40} = \frac{2}{5}$

**ミス対策** **$16 \div 4 = 4$** としてはいけない。両方の数に同じ数10をかけないと，商(比の値)がちがってしまう。

(7) $\frac{1}{4} \div \frac{1}{8} = \frac{1}{4} \times \frac{8}{1} = 2$

(8) $\frac{9}{10} \div \frac{3}{5} = \frac{9}{10} \times \frac{5}{3} = \frac{3}{2}$

(9) $2 \div \frac{8}{9} = 2 \times \frac{9}{8} = \frac{9}{4}$

**4 解答** (1) ㋐ (2) ㋒

**解説**

**比の値が等しい2つの比は等しい**ことを利用する。

(1) 比の値は，$2 \div 3 = \frac{2}{3}$

㋐ $14 \div 21 = \frac{14}{21} = \frac{2}{3}$

㋑ $\frac{1}{2} \div \frac{1}{3} = \frac{1}{2} \times \frac{3}{1} = \frac{3}{2}$

㋒ $0.6 \div 0.4 = 6 \div 4 = \frac{6}{4} = \frac{3}{2}$

(2) 比の値は，$12 \div 9 = \frac{12}{9} = \frac{4}{3}$

㋐ $36 \div 28 = \frac{36}{28} = \frac{9}{7}$

㋑ $\frac{3}{4} \div \frac{1}{3} = \frac{3}{4} \times \frac{3}{1} = \frac{9}{4}$

㋒ $1.6 \div 1.2 = 16 \div 12 = \frac{16}{12} = \frac{4}{3}$

**5 解答** (1) 3：7 (2) 7：4 (3) 3：2 (4) 1：4 (5) 2：5 (6) 20：9 (7) 10：9 (8) 1：14 (9) 3：5

**解説**

(1)～(3)は，比の両方の数をそれらの最大公約数でわる。

(1) $18 : 42 = (18 \div 6) : (42 \div 6) = 3 : 7$

(2) $63 : 36 = (63 \div 9) : (36 \div 9) = 7 : 4$

(3) $48 : 32 = (48 \div 16) : (32 \div 16) = 3 : 2$

(4)～(6)は，比の両方の数を10倍，100倍して，整数の比に直してから簡単にする。

(4) $1.5 : 6 = (1.5 \times 10) : (6 \times 10) = 15 : 60 = (15 \div 15) : (60 \div 15) = 1 : 4$

(5) $3 : 7.5 = (3 \times 10) : (7.5 \times 10) = 30 : 75 = (30 \div 15) : (75 \div 15) = 2 : 5$

(6) $0.4 : 0.18 = (0.4 \times 100) : (0.18 \times 100) = 40 : 18 = (40 \div 2) : (18 \div 2) = 20 : 9$

(7)～(9)は，比の両方の数に分母の最小公倍数をかけて，整数の比に直してから簡単にする。

または，通分して分子の比から求めることもできる。

(7) $\frac{5}{6} : \frac{3}{4} = \left(\frac{5}{6} \times 12\right) : \left(\frac{3}{4} \times 12\right) = 10 : 9$

(8) $\frac{3}{7} : 6 = \left(\frac{3}{7} \times 7\right) : (6 \times 7) = 3 : 42 = (3 \div 3) : (42 \div 3) = 1 : 14$

(9) $1\frac{2}{5} : 2\frac{1}{3} = \frac{7}{5} : \frac{7}{3}$

$=\left(\frac{7}{5}\times15\right):\left(\frac{7}{3}\times15\right)=21:35$

$=(21\div7):(35\div7)=3:5$

**6 解答** (1) 12 (2) 64 (3) 42 (4) 3 (5) 20 (6) 25

**解説**

(1) 3：2＝□：8，□＝3×4＝12 （×4）

〔別解〕

***a*：*b*＝*c*：*d* ならば，*ad*＝*bc***

を利用する。

$3\times8=2\times\square$，$\square=\frac{3\times8}{2}=12$

(2) 5：8＝40：□，□＝8×8＝64 （×8）

(3) 4：7＝24：□，□＝7×6＝42 （×6）

(4) 210：140＝□：2， （×70）

□×70＝210，□＝210÷70＝3

(5) 12：□＝3：5，□＝5×4＝20 （×4）

(6) □：20＝5：4，□＝5×5＝25 （×5）

## STEP 3 ゆとりで合格の問題

**1 解答** (1) 30 (2) 72 (3) 120

**解説**

(1) 3と5と6の公倍数は，いちばん大きい6の倍数を求めて，その中で3でも5でもわり切れる数を見つける。

| 6の倍数 | 6 | 12 | 18 | 24 | 30 | … |
|---|---|---|---|---|---|---|
| 3でわり切れる | ○ | ○ | ○ | ○ | ○ | … |
| 5でわり切れる | × | × | × | × | ○ | … |

3と5と6の公倍数のうち，いちばん小さい数が最小公倍数。

(2)

| 9の倍数 | 9 | 18 | 27 | 36 | 45 | 54 | 63 | 72 | … |
|---|---|---|---|---|---|---|---|---|---|
| 2でわり切れる | × | ○ | × | ○ | × | ○ | × | ○ | … |
| 8でわり切れる | × | × | × | × | × | × | × | ○ | … |

(3)

| 24の倍数 | 24 | 48 | 72 | 96 | 120 | … |
|---|---|---|---|---|---|---|
| 12でわり切れる | ○ | ○ | ○ | ○ | ○ | … |
| 20でわり切れる | × | × | × | × | ○ | … |

**2 解答** (1) 4 (2) 6 (3) 18

**解説**

(1) 16と20と36の公約数は，いちばん小さい16の約数を求めて，その中で20，36のどちらの数もわり切れる数を見つける。

16の約数は，1，2，4，8，16

これらの中で20をわり切れる数は，

1，2，4

さらに，36をわり切れる数は，

1，2，4

16と20と36の公約数のうち，いちばん大きい数が最大公約数。

(2) 12の約数は，1，2，3，4，6，12

これらの中で18をわり切れる数は，

1，2，3，6

さらに，30をわり切れる数は，

1，2，3，6

(3)　18の約数は，1，2，3，6，9，18
これらの中で36をわり切れる数は，
1，2，3，6，9，18
さらに，72をわり切れる数は，
1，2，3，6，9，18

**【別解】**　いちばん小さい数18が，残りの2つの数36，72の約数になっている。このようなときは，いちばん小さい数が最大公約数になる。

**3 解答**　(1) 3　(2) 9　(3) 8　(4) 9

**解説**

**$a:b=c:d$ ならば，$ad=bc$** を利用する。

(1)　$2.1\times5=3.5\times\square$ だから，
$\square=2.1\times5\div3.5=3$

(2)　$10\times\square=7.5\times12$ だから，
$\square=7.5\times12\div10=9$

(3)　$\frac{1}{3}\times6=\frac{1}{4}\times\square$ だから，
$\square=\frac{1}{3}\times6\div\frac{1}{4}=8$

(4)　$\frac{3}{8}\times14=\frac{7}{12}\times\square$ だから，
$\square=\frac{3}{8}\times14\div\frac{7}{12}=9$

# 4 正負の数の計算

問題：25ページ

## STEP 1 基本の問題

**1 解答**　(1) 2　(2) −11　(3) −6　(4) 5
(5) −12　(6) 10　(7) −10　(8) −3
(9) −16　(10) 7

**解説**

●同符号の2数の和 ⇨ **絶対値の和**に**共通の符号**をつける。

●異符号の2数の和 ⇨ **絶対値の差**に**絶対値の大きいほうの符号**をつける。

●減法は，**加法**に直して計算する。

(1)　$(+8)+(-6)=+(8-6)=2$

(2)　$(-4)+(-7)=-(4+7)=-11$

(3)　$(+3)+(-9)=-(9-3)=-6$

(4)　$(-10)+(+15)=+(15-10)=5$

(5)　$(-12)+0=-12$
**$a+0=a$，$0+a=a$** である。

(6)　原式$=(+2)+(+8)=+(2+8)=10$

(7)　原式$=(-5)+(-5)=-(5+5)$
$=-10$

(8)　原式$=(-6)+(+3)=-(6-3)$
$=-3$

(9)　原式$=(+4)+(-20)=-(20-4)$
$=-16$

(10)　$0-(-7)=0+(+7)=7$

**2 解答**　(1) −45　(2) 24　(3) −30
(4) 400　(5) 6　(6) −12　(7) −14　(8) 7

**解説**

同符号の2数の積・商
⇨ **絶対値の積・商**に**正の符号**をつける。
異符号の2数の積・商
⇨ **絶対値の積・商**に**負の符号**をつける。

(1)　原式$=-(5\times9)=-45$

(2)　原式$=+(8\times3)=+24=24$

(3)　原式$=-(2\times15)=-30$

(4)　原式$=+(16\times25)=+400=400$

(5)　原式$=+(30\div5)=+6=6$

(6)　原式$=-(72\div6)=-12$

(7)　原式$=-(56\div4)=-14$

(8)　原式$=+(84\div12)=+7=7$

**3 解答**　(1) 49　(2) 9　(3) −25
(4) −8　(5) 1　(6) −64

**解説**

(1)　原式$=7\times7=49$

(2)　原式$=(-3)\times(-3)=+(3\times3)$

$=+9=9$

(3) 原式$=-(5\times5)=-25$

**ミス対策 $-5^2$ と $(-5)^2$ のちがいに注意しよう。**

$-5^2$ は5の2乗に−をつけたもの。

$(-5)^2$ は $-5$ を2回かけたもの。

(4) 原式$=(-2)\times(-2)\times(-2)$

$=-(2\times2\times2)=-8$

(5) 原式$=(-1)\times(-1)\times(-1)\times(-1)$

$=+(1\times1\times1\times1)=+1=1$

(6) 原式$=-(4\times4\times4)=-64$

## STEP 2 合格力をつける問題

**1 解答** (1) $-2$ (2) $-27$ (3) $-4.6$ (4) $0.2$ (5) $12.1$ (6) $-2.9$ (7) $-\frac{41}{28}$ (8) $-\frac{1}{18}$

**解説**

(1) $-8$ と6の和と考えて計算する。

$-8+6=-(8-6)=-2$

(2) $-12$ と $-15$ の和と考えて計算する。

$-12-15=-(12+15)=-27$

(3) 原式$=-(2.7+1.9)=-4.6$

(4) 原式$=+(4-3.8)=0.2$

(5) 原式$=6.5+5.6=12.1$

(6) 原式$=-(10.4-7.5)=-2.9$

(7) 原式$=-\left(\frac{5}{7}+\frac{3}{4}\right)=-\left(\frac{20}{28}+\frac{21}{28}\right)$

$=-\frac{41}{28}$

(8) 原式$=-\frac{5}{6}+\frac{7}{9}=-\frac{15}{18}+\frac{14}{18}$

$=-\left(\frac{15}{18}-\frac{14}{18}\right)=-\frac{1}{18}$

**2 解答** (1) $4$ (2) $-6$ (3) $-2$ (4) $7$ (5) $4$ (6) $-12$ (7) $-\frac{17}{12}$ (8) $\frac{5}{8}$

**解説**

かっこのある式は，**かっこのない式**に直し，**正の項の和，負の項の和**をそれぞれ求めて計算する。

(1) 原式$=3+2-1=5-1=4$

(2) 原式$=-4-7+5=-11+5=-6$

(3) 原式$=-5+7+4-8$

$=-13+11=-2$

(4) 原式$=6-5+9-3=15-8=7$

(5) 原式$=22-18=4$

(6) 原式$=-35+23=-12$

(7) 原式$=-\frac{16}{12}-\frac{10}{12}+\frac{9}{12}=-\frac{26}{12}+\frac{9}{12}$

$=-\frac{17}{12}$

(8) 原式$=\frac{8}{8}-\frac{4}{8}+\frac{2}{8}-\frac{1}{8}$

$=\frac{10}{8}-\frac{5}{8}=\frac{5}{8}$

**3 解答** (1) $-20.5$ (2) $\frac{1}{4}$ (3) $-\frac{1}{16}$ (4) $-16$ (5) $\frac{9}{5}$

**解説**

除法は，**わる数の逆数をかけて**，乗法に直してから計算する。

(1) 原式$=-(4.1\times5)=-20.5$

(2) 原式$=+\left(\frac{7}{10}\times\frac{5}{14}\right)=\frac{1}{4}$

(3) 原式$=\frac{5}{8}\times\left(-\frac{1}{10}\right)=-\left(\frac{5}{8}\times\frac{1}{10}\right)$

$=-\frac{1}{16}$

(4) 原式$=\left(-\frac{4}{3}\right)\times12=-\left(\frac{4}{3}\times12\right)$

$=-16$

(5) 原式$=\left(-\frac{24}{15}\right)\times\left(-\frac{9}{8}\right)$

$=+\left(\frac{24}{15}\times\frac{9}{8}\right)=\frac{9}{5}$

**4 解答** (1) $-21$ (2) $32$ (3) $-1$ (4) $3$ (5) $-36$ (6) $6$ (7) $-32$ (8) $-400$

解説

(1) 原式$=-\left(7\times6\times\frac{1}{2}\right)=-21$

(2) 原式$=+\left(12\times\frac{1}{3}\times8\right)=32$

(3) 原式$=\left(-\frac{5}{2}\right)\times\left(-\frac{1}{4}\right)\times\left(-\frac{8}{5}\right)$

$=-\left(\frac{5}{2}\times\frac{1}{4}\times\frac{8}{5}\right)=-1$

(4) 原式$=\frac{14}{15}\times\left(-\frac{9}{4}\right)\times\left(-\frac{10}{7}\right)$

$=+\left(\frac{14}{15}\times\frac{9}{4}\times\frac{10}{7}\right)=3$

(5) 原式$=9\times(-4)=-36$

(6) 原式$=(-1)\times(-6)=6$

(7) 原式$=4\times(-8)=-32$

(8) 原式$=(-16)\times25=-400$

5 解答 (1) 19 (2) −10 (3) −10 (4) −30 (5) 14 (6) 76 (7) $-\frac{7}{12}$ (8) −6 (9) −5 (10) −21.98

解説

(1) 原式$=4-(-15)=4+15=19$

(2) 原式$=-6+(-4)=-10$

(3) 原式$=-8+(-18)\div9$

$=-8+(-2)=-10$

(4) (　)→{　}の順にかっこをはずす。

原式$=5\times\{-3-3\}=5\times(-6)$

$=-30$

(5) 原式$=16+(-1)\times2=16+(-2)$

$=14$

(6) 原式$=4\div4-3\times(-25)=1+75$

$=76$

(7) 原式$=-\frac{2}{3}+\frac{1}{12}=-\frac{8}{12}+\frac{1}{12}$

$=-\frac{7}{12}$

(8) 原式$=-8-\left(-\frac{3}{2}\right)\times\frac{4}{3}$

$=-8-(-2)=-8+2=-6$

(9) **$a\times(b+c)=a\times b+a\times c$** を使う。

原式$=-24\times\left(-\frac{1}{6}\right)-24\times\frac{3}{8}$

$=4-9=-5$

(10) **$a\times c-b\times c=(a-b)\times c$** を使う。

原式$=(3^2-4^2)\times3.14$

$=(9-16)\times3.14=-7\times3.14$

$=-21.98$

## STEP 3 ゆとりで合格の問題

1 解答 (1) $-\frac{2}{9}$ (2) −7.9 (3) −44

解説

(1) 原式$=\{-9\times2+(-8)+24\}\div9$

$=\{-18-8+24\}\div9$

$=-2\times\frac{1}{9}=-\frac{2}{9}$

(2) 原式$=4\times0.2+\{-1.3+(-3.7)\times2\}$

$=0.8+\{-1.3-7.4\}=0.8-8.7$

$=-7.9$

(3) 原式$=\left\{-64\times\frac{1}{4}-16\right\}-12$

$=\{-16-16\}-12=-32-12$

$=-44$

# 5 文字式

問題:29ページ

## STEP 1 基本の問題

1 解答 (1) $a+b$ (2) $8b$ (3) $6x$ (4) $\frac{x}{2}$

解説

(1) **学級全体の人数＝男子の人数＋女子の人数** だから，

$a+b$(人)

(2) **長方形の面積＝縦×横** だから，

$8\times b=8b$(cm$^2$)

(3) **代金＝1本の値段×本数** だから，

$x\times6=6x$(円)

(4) **速さ＝道のり÷時間** だから，

$x \div 2 = \frac{x}{2}$(km/時)

**2 解答** (1) $13a$ (2) $x$ (3) $-4x$ (4) $4a$ (5) $\frac{3}{5}y$ (6) $5x$ (7) $8x$ (8) $-2y$ (9) $-9a$ (10) $-16x$

**解説**

●文字の部分が同じ項 ⇨ $mx+nx=(m+n)x$ を利用してまとめる。

●式と数の乗除 ⇨ 除法は乗法に直し，**係数と数の積**を求めて，**文字の前**に書く。

(1) 原式$=(4+9)a=13a$

(2) 原式$=(6-5)x=x$ ←$1x$ としない

(3) 原式$=(-7+3)x=-4x$

(4) 原式$=(5-1)a=4a$

(5) 原式$=\left(1-\frac{2}{5}\right)y=\frac{3}{5}y$

(6) 原式$=(8+1-4)x=5x$

(7) 原式$=(-1)\times(-8)\times x=8x$

(8) 原式$=\frac{-10y}{5}=-\frac{10\times y}{5}=-2y$
↑符号は前へ

(9) 原式$=(-6)\times\frac{3}{2}\times a=-9a$

(10) 原式$=12x\times\left(-\frac{4}{3}\right)$ ←逆数をかける

$=12\times\left(-\frac{4}{3}\right)\times x=-16x$

**3 解答** (1) 17 (2) $-4$ (3) 6 (4) $-2$

**解説**

**×の記号がはぶかれている**と考えて文字の値を代入する。

(1) $6x-7=6\times4-7=24-7=17$

(2) $8-3x=8-3\times4=8-12=-4$

(3) $-10+x^2=-10+4^2=-10+16$
$=6$

(4) $3-\frac{20}{x}=3-\frac{20}{4}=3-5=-2$

## STEP 2 合格力をつける問題

**1 解答** (1) $10x+y$ (2) $\frac{(a+10)h}{2}$ (3) $\frac{7}{10}x$ (4) $\frac{1}{3}a$ (5) $100a-b$

**解説**

(1) 2けたの整数は，**10×(十の位の数字)＋(一の位の数字)** と表せるから，

$10\times x+y=10x+y$

(2) **台形の面積＝(上底＋下底)×高さ÷2** だから，

$(a+10)\times h\div2=\frac{(a+10)h}{2}$(cm²)

(3) **売価＝定価×(1－割引き率)** で，

3割 ⇨ $\frac{3}{10}$ だから，

$x\times\left(1-\frac{3}{10}\right)=x\times\frac{7}{10}=\frac{7}{10}x$(円)

割合を小数で表して，$0.7x$(円)でもよい。

(4) **道のり＝速さ×時間** で，

20分$=\frac{20}{60}$時間だから，

$a\times\frac{20}{60}=a\times\frac{1}{3}=\frac{1}{3}a$(km)

ミス対策 答えを $20a$(km)としないように注意しよう。速さが時速で表されているから，20分を **「時間」** で表すこと。

(5) $a$ m$=100a$ cm だから，残った長さは，$100a-b$(cm)

**2 解答** (1) $4x-3$ (2) $-7a+2$ (3) $\frac{5}{4}x-1$ (4) $-\frac{3}{5}y-\frac{5}{2}$ (5) $6y+3$ (6) $-5x+8$ (7) $-2x-2$ (8) $-a$

**解説**

かっこのある式は，かっこをはずしてから，文字の項，数の項をまとめる。

●＋(　) ⇨ **そのまま**はずす。

●$-(\ )$ ⇨ **( )内の各項の符号を変えて**はずす。

(1) 原式$=5x-x-7+4$
$=(5-1)x-7+4=4x-3$

(2) 原式$=a-8a+5-3$
$=(1-8)a+5-3=-7a+2$

(3) 原式$=\left(\frac{3}{4}+\frac{1}{2}\right)x-\frac{1}{6}-\frac{5}{6}$
$=\left(\frac{3}{4}+\frac{2}{4}\right)x-\frac{1}{6}-\frac{5}{6}=\frac{5}{4}x-1$

(4) 原式$=\left(\frac{2}{5}-1\right)y-3+\frac{1}{2}$
$=\left(\frac{2}{5}-\frac{5}{5}\right)y-\frac{6}{2}+\frac{1}{2}=-\frac{3}{5}y-\frac{5}{2}$

(5) 原式$=2y+5+4y-2=6y+3$

(6) 原式$=2x-7x-1+9=-5x+8$

(7) 原式$=x-3-3x+1=-2x-2$

(8) 原式$=-4a-5+3a+5=-a$

**3 解答** (1) $10x+35$ (2) $-24a+32$ (3) $3a-4$ (4) $-10y+9$ (5) $-4x-1$ (6) $6y-10$ (7) $3x-15$ (8) $-6a+12$

**解説**

除法は，**わる数の逆数をかけて**乗法に直し，分配法則 $\boldsymbol{a(b+c)=ab+ac}$ を利用してかっこをはずす。

(1) 原式$=5\times2x+5\times7=10x+35$

(2) 原式$=(-8)\times3a+(-8)\times(-4)$
$=-24a+32$

(3) 原式$=\frac{1}{2}\times6a+\frac{1}{2}\times(-8)$
$=3a-4$

(4) 原式$=\frac{5}{6}y\times(-12)-\frac{3}{4}\times(-12)$
$=-10y+9$

(5) 原式$=(16x+4)\times\left(-\frac{1}{4}\right)$
$=16x\times\left(-\frac{1}{4}\right)+4\times\left(-\frac{1}{4}\right)$
$=-4x-1$

(6) 原式$=(9y-15)\times\frac{2}{3}$
$=9y\times\frac{2}{3}-15\times\frac{2}{3}=6y-10$

(7) 原式$=\frac{(x-5)\times\overset{3}{\cancel{18}}}{\underset{1}{\cancel{6}}}=(x-5)\times3$
$=x\times3-5\times3=3x-15$

**ミス対策** 分子の $x-5$ に18をかけるとき，$x-5\times18$ としないように注意。分子の **$x-5$ は，ひとまとまりのもの**と考えて，**( )をつけて**計算しよう。

(8) 原式$=\frac{(-\overset{2}{\cancel{16}})\times(3a-6)}{\underset{1}{\cancel{8}}}$
$=(-2)\times(3a-6)$
$=(-2)\times3a+(-2)\times(-6)$
$=-6a+12$

**4 解答** (1) $8x-12$ (2) $-3x+4$ (3) $13a-2$ (4) $-a-1$ (5) $8x-16$ (6) $-1$ (7) $3.6x-0.1$ (8) $4.8x-7.5$

**解説**

(1) 原式$=5x+3x-12=8x-12$

(2) 原式$=3x-6x+4=-3x+4$

(3) 原式$=8a-12+5a+10=13a-2$

(4) 原式$=-7a+14+6a-15=-a-1$

(5) 原式$=2x-10+6x-6=8x-16$

(6) 原式$=-6+15x-15x+5=-1$

(7) 原式$=1.2x+1.5+2.4x-1.6$
$=3.6x-0.1$

(8) 原式$=9x-10.5-4.2x+3$
$=4.8x-7.5$

**5 解答** (1) $\frac{7x-5}{6}$ (2) $\frac{19x-3}{15}$ (3) $\frac{3x+1}{8}$ (4) $-\frac{7}{12}$

**解説**

(1) 原式$=\frac{3(x+3)+2(2x-7)}{6}$

$=\dfrac{3x+9+4x-14}{6}=\dfrac{7x-5}{6}$

(2) 原式$=\dfrac{5(2x-3)+3(3x+4)}{15}$

$=\dfrac{10x-15+9x+12}{15}=\dfrac{19x-3}{15}$

(3) 原式$=\dfrac{4(3x+2)-(9x+7)}{8}$

$=\dfrac{12x+8-9x-7}{8}=\dfrac{3x+1}{8}$

(4) 原式$=\dfrac{2(3x-5)-3(2x-1)}{12}$

$=\dfrac{6x-10-6x+3}{12}=-\dfrac{7}{12}$

**6 解答** (1) $-51$ (2) $-9$ (3) $40$

解説

負の数は，(　)をつけて代入する。

(1) $2x^3+3=2\times(-3)^3+3$

$=2\times(-27)+3=-54+3=-51$

(2) $\dfrac{1}{2}ab-a=\dfrac{1}{2}\times(-3)\times8-(-3)$

$=-12+3=-9$

(3) $x^2-3xy=(-4)^2-3\times(-4)\times2$

$=16-(-24)=16+24=40$

## STEP 3 ゆとりで合格の問題

**1 解答** (1) $\dfrac{-7x-11}{12}$ (2) $-\dfrac{7}{3}x+\dfrac{5}{3}$

(3) $-6a-30$ (4) $-2x+3$ (5) $-3x+18$

解説

(1) 原式$=\dfrac{3(x-3)-4(x+2)-6(x-1)}{12}$

$=\dfrac{3x-9-4x-8-6x+6}{12}=\dfrac{-7x-11}{12}$

(2) 原式$=\dfrac{1}{3}x-\dfrac{1}{3}-2x+2-\dfrac{2}{3}x$

$=\left(\dfrac{1}{3}-\dfrac{6}{3}-\dfrac{2}{3}\right)x-\dfrac{1}{3}+\dfrac{6}{3}$

$=-\dfrac{7}{3}x+\dfrac{5}{3}$

(3) 原式$=2(a+5)\times(-3)$

$=-6(a+5)=-6a-30$

(4) 原式$=5x-\{x-3+6x\}$

$=5x-x+3-6x=-2x+3$

(5) 分配法則を使って，まずかっこをはずす。

原式$=2(x+2)-(2x-5)+3(3-x)$

$=2x+4-2x+5+9-3x=-3x+18$

# 6 方程式

問題：33ページ

## STEP 1 基本の問題

**1 解答** (1) ①イ，$C=6$ ②エ，$C=3$

(2) ①ア，$C=3$ ②ウ，$C=2$

解説

(1) $3x+6=18$

$3x+6-6=18-6$ ←両辺から6をひく

$3x=12$

$\dfrac{3x}{3}=\dfrac{12}{3}$ ←両辺を3でわる

$x=4$

(2) $\dfrac{1}{2}x-3=-7$

$\dfrac{1}{2}x-3+3=-7+3$ ←両辺に3をたす

$\dfrac{1}{2}x=-4$

$\dfrac{1}{2}x\times2=-4\times2$ ←両辺に2をかける

$x=-8$

**2 解答** (1) ㋑ (2) ㋐

解説

方程式に $x$ や $a$ の値を代入して，**左辺＝右辺**となるものを選べばよい。

(1) ㋐左辺$=-1$，右辺$=1$ だから，

左辺≠右辺

㋑左辺$=7$，右辺$=7$ だから，

左辺＝右辺

㋒左辺$=-1$，右辺 $=2$ だから，

左辺≠右辺

(2) ㋐左辺$=-13$, 右辺$=-13$ だから,

左辺=右辺

㋑左辺$=-12$, 右辺$=-20$ だから,

左辺≠右辺

㋒左辺$=24$, 右辺$=-24$ だから,

左辺≠右辺

**3 解答** (1) $x=7$ (2) $x=23$

(3) $x=-11$ (4) $x=10$ (5) $x=6$

(6) $x=-1$ (7) $x=-3$ (8) $x=7$

**解説**

(1)~(6)は, 左辺の数の項を右辺に移項して, 右辺をまとめる。移項すると, **項の符号が変わる**ことに注意。また, (7)(8)は, 両辺を $x$ の係数でわる。

(1) 5 を移項して, $x=12-5$, $x=7$

(2) $-9$ を移項して, $x=14+9$,

$x=23$

(3) 7 を移項して, $x=-4-7$,

$x=-11$

(4) $-10$ を移項して, $x=0+10$,

$x=10$

(5) $-8$ を移項して, $x=-2+8$

$x=6$

(6) $-6$ を移項して, $x=-7+6$,

$x=-1$

(7) 両辺を 6 でわって,

$6x\div6=-18\div6$, $x=-3$

(8) 両辺を $-4$ でわって,

$-4x\div(-4)=-28\div(-4)$, $x=7$

## STEP 2 合格力をつける問題

**1 解答** (1) 4 (2) $-1$

**解説**

(1) $x=1, 2, 3, 4$ を方程式の左辺と右辺に代入して, 左辺=右辺が成り立つものを選ぶ。

$x=4$ のとき,

左辺$=4\times4-3=13$,

右辺$=4+9=13$

だから, 左辺=右辺が成り立つ。

(2) $x=-3, -2, -1, 0$ を方程式の左辺と右辺に代入して, 左辺=右辺が成り立つものを選ぶ。

$x=-1$ のとき,

左辺$=2\times(-1)+18=16$,

右辺$=12-4\times(-1)=16$

だから, 左辺=右辺が成り立つ。

**2 解答** (1) $x=2$ (2) $x=-3$

(3) $x=-2$ (4) $y=-\frac{4}{3}$ (5) $t=9$

(6) $x=-5$

**解説**

文字の項を**左辺**に, 数の項を**右辺**に移項し, 両辺を整理して, 両辺を**文字の係数**でわる。

(1) $6x-2x=7+1$, $4x=8$, $x=2$

(2) $4x-x=-3-6$, $3x=-9$, $x=-3$

(3) $-7x+2x=15-5$, $-5x=10$

$x=-2$

(4) $-y+10y=3-15$, $9y=-12$,

$y=\frac{-12}{9}=-\frac{4}{3}$

(5) $2t-3t=-4-5$, $-t=-9$, $t=9$

(6) $7x+5x=24-84$, $12x=-60$,

$x=-5$

**3 解答** (1) $x=3$ (2) $x=-3$ (3) $x=5$

(4) $x=-11$ (5) $x=0$ (6) $x=-2$

**解説**

分配法則を利用して, まず**かっこをはずしてから**解く。

(1) $4x-4=8$, $4x=8+4$, $4x=12$,

$x=3$

(2)　$5x-7x-6=0$，$-2x=6$，$x=-3$

(3)　$2x+3x-27=-2$，$5x=-2+27$，$5x=25$，$x=5$

(4)　$2x-6=3x+5$，$2x-3x=5+6$，$-x=11$，$x=-11$

(5)　$8-12x+5=13$，$13-12x=13$，$-12x=13-13$，$-12x=0$，$x=0$

ミス対策 **「解はない」**と答えてはいけない。$x=0$ のときだけ，この方程式は成り立つから，解は $x=0$ である。

(6)　$5-5x=-18x-21$，$-5x+18x=-21-5$，$13x=-26$，$x=-2$

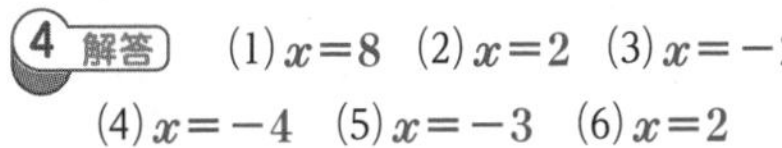

**4 解答**　(1) $x=8$　(2) $x=2$　(3) $x=-2$　(4) $x=-4$　(5) $x=-3$　(6) $x=2$

**解説**

両辺に 10 や 100 をかけて，**係数を整数にしてから**解く。

(1)　両辺を 10 倍して，$6x-3=45$，$6x=45+3$，$6x=48$，$x=8$

(2)　両辺を 10 倍して，$4x-8=15x-30$，$4x-15x=-30+8$，$-11x=-22$，$x=2$

(3)　両辺を 10 倍して，$30x+16=18x-8$，$30x-18x=-8-16$，$12x=-24$，$x=-2$

(4)　両辺を 100 倍して，$23x-64=39x$，$23x-39x=64$，$-16x=64$，$x=-4$

(5)　両辺を 100 倍して，$14x+70=28$，$14x=28-70$，$14x=-42$，$x=-3$

(6)　両辺を 100 倍して，$80x+123=150x-17$，$80x-150x=-17-123$，$-70x=-140$，$x=2$

**5 解答**　(1) $x=5$　(2) $x=6$　(3) $x=-4$　(4) $x=-\frac{10}{3}$　(5) $x=-3$　(6) $x=6$　(7) $x=-4$　(8) $x=-7$

**解説**

両辺に分母の最小公倍数をかけて，**分母をはらってから**解く。

(1)　両辺を 4 倍して，$4\left(\frac{x}{2}-\frac{5}{4}\right)=4\times\frac{x}{4}$，$2x-5=x$，$2x-x=5$，$x=5$

(2)　両辺を 6 倍して，$4x-6=3x$，$4x-3x=6$，$x=6$

(3)　両辺を 8 倍して，$7x+6=4x-6$，$7x-4x=-6-6$，$3x=-12$，$x=-4$

(4)　両辺を 15 倍して，$15x-20=-6x-90$，$15x+6x=-90+20$，$21x=-70$，$x=-\frac{70}{21}=-\frac{10}{3}$

(5)　両辺を 6 倍して，$x-24=21+16x$，$x-16x=21+24$，$-15x=45$，$x=-3$

(6)　両辺を 10 倍して，$x-8=10-2x$，$x+2x=10+8$，$3x=18$，$x=6$

(7)　両辺を 6 倍して，$3(x-2)=2(2x-1)$，$3x-6=4x-2$，$-x=4$，$x=-4$

(8)　両辺を 12 倍して，$4(2x+5)=3(x-5)$，$8x+20=3x-15$，$5x=-35$，$x=-7$

**6 解答**　(1) $x=-3$　(2) $x=3$　(3) $x=17$　(4) $x=6$　(5) $x=-19$　(6) $x=-5$

**解説**

(1)　両辺を 200 でわって，$2x-9=5x$，$-3x=9$，$x=-3$

(2)　両辺を 80 でわって，$x=3(x-2)$，$x=3x-6$，$-2x=-6$，$x=3$

(3)　両辺を 10 倍して，$2(x-1)=32$，

$2x-2=32$, $2x=34$, $x=17$

(4) 両辺を 10 倍して,

$10x-4=56(x-5)$,

$10x-4=56x-280$, $-46x=-276$,

$x=6$

(5) 両辺を 3 倍して, $1+x=-18$,

$x=-19$

(6) 両辺を 2 倍して, $x-3=2(6+2x)$,

$x-3=12+4x$, $-3x=15$, $x=-5$

### STEP 3 ゆとりで合格の問題

**1 解答** (1) $x=5$ (2) $x=3$ (3) $x=4$

(4) $x=-12$ (5) $x=13$ (6) $x=7$

(7) $x=-3$ (8) $x=\frac{1}{2}$ (9) $x=\frac{7}{8}$

**解説**

(1) 両辺を 10 倍して,

$-30(x-0.7)+4=-25x$,

$-30x+21+4=-25x$,

$-5x=-25$, $x=5$

(2) 両辺を 100 倍して, $2(3x-4)=10$,

$6x-8=10$, $6x=18$, $x=3$

(3) 両辺を 6 倍して,

$12-2(x-4)=3x$, $12-2x+8=3x$,

$-5x=-20$, $x=4$

(4) 両辺を 30 倍して,

$20x-12(x-5)=3x$,

$20x-12x+60=3x$, $5x=-60$,

$x=-12$

(5) $a:b=c:d$ ならば, $ad=bc$ を利用して, $7(x-1)=14\times6$,

$7x-7=84$, $7x=91$, $x=13$

(6) (5)と同様に, $3(10-x)=x+2$,

$30-3x=x+2$, $-4x=-28$, $x=7$

(7) 両辺を 3 倍して,

$12x-(2x+6)=6(x-3)$,

$12x-2x-6=6x-18$, $4x=-12$,

$x=-3$

(8) 両辺を 12 倍して,

$4(7x-2)-3(3x-1)=-(x-5)$,

$28x-8-9x+3=-x+5$, $20x=10$,

$x=\frac{1}{2}$

(9) かっこをはずして,

$3x-2x+\frac{2(1-2x)}{3}=\frac{2x-1}{2}$

両辺を 6 倍して,

$6x+4(1-2x)=3(2x-1)$,

$6x+4-8x=6x-3$, $-8x=-7$,

$x=\frac{7}{8}$

## 7 比例・反比例

問題:37ページ

### STEP 1 基本の問題

**1 解答** (1) ㋐ $y=\frac{12}{x}$ ㋑ $y=12-x$

㋒ $y=4x$

(2) 比例…㋒, 反比例…㋐

**解説**

(1) ㋐**時間=道のり÷速さ** だから,

$y=12\div x$ より, $y=\frac{12}{x}$

㋑**残りの道のり=全体の道のり−歩いた道のり** だから, $y=12-x$

㋒**道のり=速さ×時間** だから,

$y=4\times x$ より, $y=4x$

(2) 式が $y=ax$ の形になっていれば, $y$ は $x$ に比例し, $y=\frac{a}{x}$ の形になっていれば, $y$ は $x$ に反比例する。

**2 解答** (1) ①(順に)0, 5, 10, 15, 20

②(順に)12, 6, 4, 3, 2

(2) ① $y=2x$ ② $y=\frac{6}{x}$

解説

(1) それぞれの式に $x$ の値を代入して，対応する $y$ の値を求めればよい。

(2) ① $y=ax$，② $y=\frac{a}{x}$ で，$a$ が比例定数。

**3** 解答 (1) (2, −3) (2) (0, 0) (3) 点D (4) (3, 2)

解説

(1) $x$ 座標が $a$，$y$ 座標が $b$ の点を，$(a, b)$ と表す。

(2) $x$ 軸と $y$ 軸の交点Oで，$x$ 座標，$y$ 座標がともに0

(3) $x$ 座標が0だから，$y$ 軸上の点。

(4) E(1, 2)の $x$ 座標1が2増える。

## STEP 2 合格力をつける問題

**1** 解答 (1) $y=3x$ (2) $y=-15$ (3) $x=6$ (4) $y=-\frac{30}{x}$ (5) $y=7$ (6) $x=-4$

解説

比例の式は $y=ax$，反比例の式は $y=\frac{a}{x}$ とおけるので，各式に $x$，$y$ の値を代入して，まず **$a$ の値**を求める。

(1) $y=ax$ に $x=6$，$y=18$ を代入して，$18=a\times6$，$a=3$

したがって，式は，$y=3x$

(2) $y=ax$ に $x=-4$，$y=12$ を代入して，$12=a\times(-4)$，$a=-3$

したがって，$y=-3x$ に $x=5$ を代入して，$y=-3\times5=-15$

(3) $y=ax$ に $x=-5$，$y=-15$ を代入して，$-15=a\times(-5)$，$a=3$

したがって，$y=3x$ に $y=18$ を代入して，$18=3x$，$x=6$

(4) $y=\frac{a}{x}$ に $x=6$，$y=-5$ を代入して，$-5=\frac{a}{6}$，$a=-30$

したがって，式は，$y=-\frac{30}{x}$

(5) $y=\frac{a}{x}$ に $x=-4$，$y=-14$ を代入して，$-14=\frac{a}{-4}$，$a=56$

したがって，$y=\frac{56}{x}$ に $x=8$ を代入して，$y=\frac{56}{8}=7$

(6) $y=\frac{a}{x}$ に $x=-3$，$y=12$ を代入して，$12=\frac{a}{-3}$，$a=-36$

したがって，$y=-\frac{36}{x}$ に $y=9$ を代入して，$9=-\frac{36}{x}$，$x=-4$

**2** 解答 (1) 式…$y=-\frac{3}{2}x$ ア…9 イ…$-\frac{3}{2}$ ウ…8

(2) 式…$y=-\frac{24}{x}$ ア…4 イ…−24 ウ…2

解説

$x$，$y$ の両方の値がわかっている部分に着目して，まず式を求める。

(1) $y=ax$ で，$6=a\times(-4)$ より，

$a=-\frac{3}{2}$ ⇨ 式は，$y=-\frac{3}{2}x$

(2) $y=\frac{a}{x}$ で，$6=\frac{a}{-4}$ より，

$a=-24$ ⇨ 式は，$y=-\frac{24}{x}$

**3** 解答 (1) $-\frac{1}{4}$ (2) 8

解説

グラフ上の点の座標は，**グラフの式を成り立たせる**から，(1)(2)の式に $y$

座標 $-1$ を代入して，対応する $x$ の値を求めればよい。

(1)　$y=4x$ に $y=-1$ を代入して，
$-1=4x$ より，$x=-\frac{1}{4}$

(2)　$y=-\frac{8}{x}$ に $y=-1$ を代入して，
$-1=-\frac{8}{x}$ より，$x=8$

**4 解答**　(1) 12　(2) $-4$　(3) $-9$

**解説**

(1)　$y=3x$ で，$x=-1$ のとき $y=-3$，$x=3$ のとき $y=9$ だから，$y$ の値は，$9-(-3)=12$ 増加する。

(2)　$y=-\frac{2}{3}x$ で，$x=6$ のとき $y=-4$，$x=12$ のとき $y=-8$ だから，$y$ の値は，$-8-(-4)=-4$ 増加する。

(3)　$y=\frac{24}{x}$ で，$x=-8$ のとき $y=-3$，$x=-2$ のとき $y=-12$ だから，$y$ の値は，$-12-(-3)=-9$ 増加する。

**5 解答**　(1) $(-3,\ -5)$　(2) $(4,\ -1)$
(3) $(-5,\ 2)$　(4) $(-4,\ 2)$

**解説**

●点 $(a,\ b)$ と対称な点の座標
$x$ 軸について対称 ⇨ $(a,\ -b)$
$y$ 軸について対称 ⇨ $(-a,\ b)$
原点について対称 ⇨ $(-a,\ -b)$

(4)　$(1-5,\ -5+7)$ ⇨ $(-4,\ 2)$

## STEP 3　ゆとりで合格の問題

**1 解答**　(1) $(5,\ 3)$　(2) $(1,\ -6)$
(3) $a=8$　(4) $(4,\ 7)$　(5) $z=-6$

**解説**

(1)　2 点 $(a,\ b)$，$(c,\ d)$ を結ぶ線分の中点の座標は，$\left(\frac{a+c}{2},\ \frac{b+d}{2}\right)$ であるから，$\left(\frac{2+8}{2},\ \frac{5+1}{2}\right)$ ⇨ $(5,\ 3)$

(2)　$\left(\frac{3-1}{2},\ \frac{-3-9}{2}\right)$ ⇨ $(1,\ -6)$

(3)　$y=\frac{1}{2}x$ に $x=b$，$y=2$ を代入して，$2=\frac{1}{2}\times b$，$b=4$
　よって，$y=\frac{a}{x}$ に点 $(4,\ 2)$ の座標を代入して，$2=\frac{a}{4}$，$a=8$

(4)　原点について対称な点は $(4,\ -7)$ だから，この点と $x$ 軸について対称な点の座標は，$(4,\ 7)$

(5)　比例の式を $y=ax$，反比例の式を $z=\frac{b}{y}$ とおくと，$-6=a\times3$，$3=\frac{b}{4}$ より，$a=-2$，$b=12$
　よって，$y=-2x$ に $x=1$ を代入して，$y=-2\times1=-2$
　したがって，$z=\frac{12}{y}$ に $y=-2$ を代入して，$z=\frac{12}{-2}=-6$

# 8 図　形

問題:41 ページ

## STEP 1　基本の問題

**1 解答**　線対称な図形…㋑，
点対称な図形…㋓

**解説**

**線対称な図形**
…1 本の直線を折り目にして 2 つに折ったとき，その両側の部分がぴったり重なる図形。

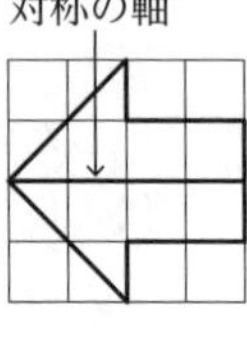

**点対称な図形**

…1つの点のまわりに180°回転させたとき，もとの図形とぴったり重なる図形。

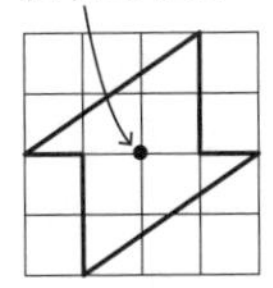


**2 解答** (1)㋕ (2)㋓

**解説**

もとの図を，形を変えずに大きくした図を**拡大図**といい，形を変えずに小さくした図を**縮図**という。

(1) ㋐と同じ形で，辺の長さが同じ割合で拡大されている図だから，㋕

(2) ㋐と同じ形で，辺の長さが同じ割合で縮小されている図だから，㋓

**3 解答** (1) ∠BCD(∠DCB, ∠C)

(2) AD∥BC (3) AB⊥BC

**解説**

(1) **角を表す記号∠**を使って，頂点を表す文字をまん中に書く。

また，∠C と書いてもどの角か区別がつくときは，∠C と表す場合もある。

(2) 辺 AD と辺 BC は平行だから，**平行を表す記号∥**を使って書く。

(3) 辺 AB と辺 BC は垂直だから，**垂直を表す記号⊥**を使って書く。

## STEP 2 合格力をつける問題

**1 解答** (1) 頂点 B に対応する点…**イ**，

頂点 C に対応する点…**オ**

(2) 頂点 B に対応する点…**エ**，

頂点 C に対応する点…**ア**

**解説**

(1) 線対称な図形は，右の図のようになる。

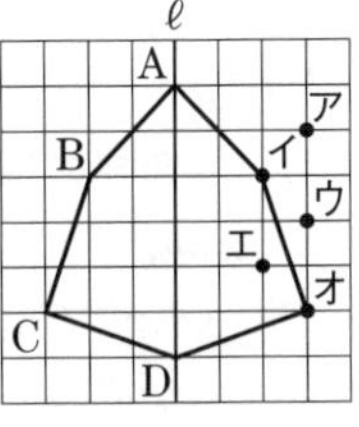


(2) 点対称な図形は，右の図のようになる。

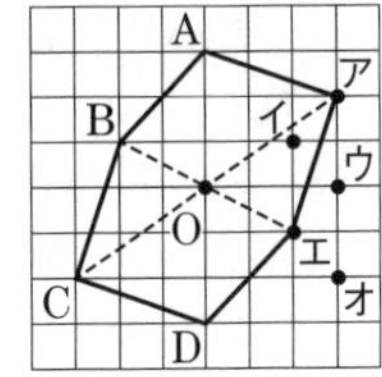


**2 解答** (1) **ウ**

(2) 頂点 E に対応する点…**ア**，

頂点 H に対応する点…**エ**

**解説**

(1) △DEF は，次の図のようになる。

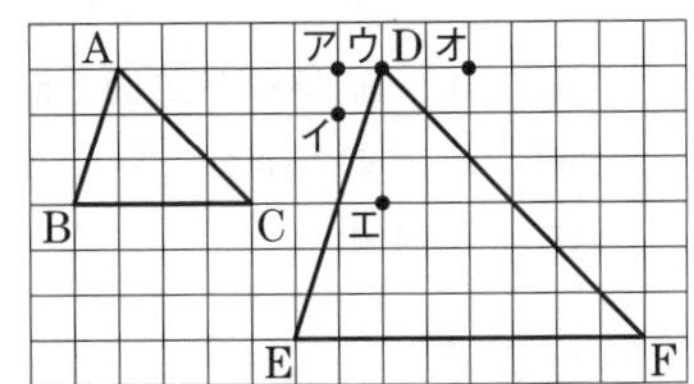


(2) 四角形 EFGH は，下の図のようになる。

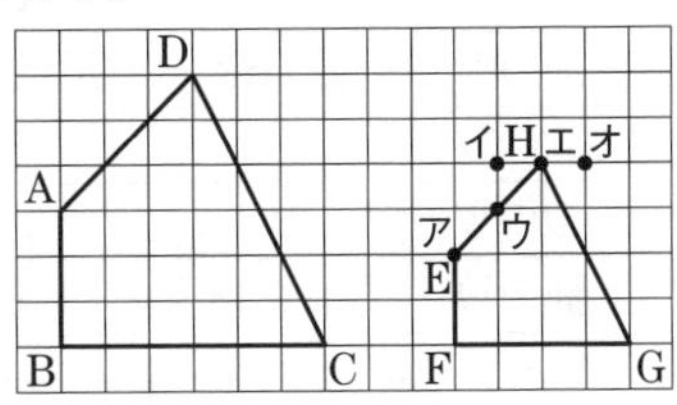


**3 解答** **7 cm**

**解説**

点 A と対応する点は点 D で，点 D は点 A から 7 マス分動いた位置にあるから，平行移動した距離は 7 cm

**4 解答** (1) 頂点の数…12, 辺の数…18, 面の数…8 (2) 3 本 (3) 4 本 (4) 4 組

**解説**

(1) $n$ 角柱の頂点の数は $2n$, 辺の数は $3n$, 面の数は $n+2$

(2) 空間内で同じ平面上にあり，交わらない直線を，**平行**であるという。

辺 AB と平行な辺は，辺 ED，辺 GH，辺 KJ の 3 本。

(3) 四角形 AGHB は長方形だから，

AG⊥AB，AG⊥GH

四角形 AGLF は長方形だから，

AG⊥AF，AG⊥GL

辺 AG と垂直に交わる辺は，辺 AB，辺 GH，辺 AF，辺 GL の 4 本。

(4) 空間内で交わらない平面を，**平行**であるという。

平行な面は，面 ABCDEF と面 GHIJKL，面 AGHB と面 EKJD，面 BHIC と面 FLKE，面 CIJD と面 AGLF の 4 組。

## STEP 3 ゆとりで合格の問題

**1 解答**

| | 正六面体 | 正八面体 | 正十二面体 | 正二十面体 |
|---|---|---|---|---|
| 面の形 | **正方形** | **正三角形** | **正五角形** | **正三角形** |
| 頂点の数 | 8 | 6 | 20 | 12 |
| 辺の数 | 12 | 12 | 30 | 30 |
| 面の数 | 6 | 8 | 12 | 20 |

**解説**

立体の見取図では，見えない辺は点線で表されている。この点線で表される辺，頂点，面も見落とさず数える。

正多面体について，

(頂点の数)－(辺の数)＋(面の数)

を求めると，

正四面体…4－6＋4＝2

正六面体…8－12＋6＝2

正八面体…6－12＋8＝2

正十二面体…20－30＋12＝2

正二十面体…12－30＋20＝2

このように，正多面体では，

(頂点の数)－(辺の数)＋(面の数)＝2

という関係が成り立つ。

# 9 データの活用

問題:45ページ

## STEP 1 基本の問題

**1 解答** (1) 5 m (2) 8 人 (3) 22.5 m (4) 20 m 以上 25 m 未満の階級 (5) 65 % (6) 0.225

**解説**

(1) **階級**…データを整理するための区間。

**階級の幅**…区間の幅。

(2) **度数**…それぞれの階級に入っているデータの個数。

(3) **階級値**…度数分布表で，それぞれの階級のまん中の値。

20 m 以上 25 m 未満の階級の階級値は，$\dfrac{20+25}{2}=22.5$(m)

(4) 最も大きい度数は，20 m 以上 25 m 未満の階級の 12 人。

(5) 20 m 以上の生徒の人数は，

12+9+5=26(人)だから，

26÷40×100=65(%)

(6) 25 m 以上 30 m 未満の階級の人数は 9 人だから，この階級の相対度数は，$\frac{9}{40}=0.225$

**2 解答** (1) 68 点 (2) 4 (3) 6

解説

(1) $\frac{60+72+56+85+67}{5}=\frac{340}{5}$

=68(点)

(2) **中央値**…データを大きさの順に並べたときの中央の値。

1, 3, 3, 4, 4, 5, 7, 7, 9

↑ 中央値（4）

(3) **最頻値**…データの値の中で，最も多く出てくる値。

2, 3, 4, 4, 5, 6, 6, 6, 7, 8

最頻値（6, 6, 6）

## STEP 2 合格力をつける問題

**1 解答** 最頻値

解説

得点の合計は，

1+2+3+3+4+5+5+5+6+6+7+7+7+7+8+8+8+9+9+10=120(点)だから，平均値は，

120÷20=6(点)

中央値は，10 番目と 11 番目の得点の平均だから，$\frac{6+7}{2}=6.5$(点)

最頻値は，最も多いデータの値だから，7 点。

**2 解答** (1) 70 点 (2) ① 30 ② 70 ③ 20 ④ 650 ⑤ 2380 (3) 59.5 点

解説

(1) 度数の最も多い階級の階級値を求めればよい。$\frac{60+80}{2}=70$(点)

(2) ①②それぞれの階級の階級値を求めればよい。

③④**階級値×度数**を計算すればよい。

⑤**(階級値×度数)の合計**を求めればよい。

20+120+650+1050+540=2380

(3) **平均値=$\frac{(階級値×度数)の合計}{度数の合計}$**

⑤より，(階級値×度数)の合計は2380 だから，$\frac{2380}{40}=59.5$(点)

## STEP 3 ゆとりで合格の問題

**1 解答** $a=16$, $b=0.4$

解説

**相対度数の合計は 1** だから，

$0.1+0.3+b+0.2=1$ より，$b=0.4$

また，度数の合計を $x$ 人とすると，7.5 秒以上 8.0 秒未満の階級の度数と相対度数から，$\frac{4}{x}=0.1$ より，$x=40$

よって，$\frac{a}{40}=0.4$ より，$a=16$

**2 解答** (1) 6.8 点 (2) 6 点 (3) 7 点

解説

(1) 得点の合計は，4×2+5×4+6×10+7×8+8×6+9×3+10×2=239(点)，人数の合計は，2+4+10+8+6+3+2=35(人)だから，平均値は，239÷35=6.82…(点)

(2) 6 点とった生徒が 10 人で，最も多いから，最頻値は 6 点。

(3) クラスの人数は 35 人だから，得点の低いほうから数えて 18 番目の生徒の得点を答えればよい。

## 第2章 数理技能検定［②次］【対策編】の解答

## 1 数に関する問題

問題:51ページ

### STEP 1 基本の問題

**1 解答** (1) 0.37 (2) 184 個 (3) $1\frac{8}{9}$ kg (4) $2\frac{1}{6}$ L (5) 2.5 kg

**解説**

(1) 0.01が10個で0.1になるから，30個では0.3。また，0.01が7個で0.07だから，合わせて0.37

(2) $1.84=\frac{184}{100}$ だから，1.84は $\frac{1}{100}$ を184個集めた数。

(3) $1\frac{2}{3}+\frac{2}{9}=1\frac{6}{9}+\frac{2}{9}=1\frac{8}{9}$(kg)

(4) $2\frac{11}{12}-\left(\frac{1}{2}+\frac{1}{4}\right)=2\frac{11}{12}-\left(\frac{6}{12}+\frac{3}{12}\right)$

$=2\frac{11}{12}-\frac{9}{12}=2\frac{2}{12}=2\frac{1}{6}$(L)

(5) 500 g=0.5 kgだから，

$10-0.5\times15=10-7.5=2.5$(kg)

**2 解答** (1) 1人，2人，3人，4人，6人，12人 (2) 1人，2人，3人，6人，9人，18人 (3) 6人

**解説**

(1) 12冊を配ることができる人数だから，12の約数である。

(2) 18本を配ることができる人数だから，18の約数である。

(3) (1)(2)の結果より6人（最大公約数）

**3 解答** (1) 12 (2) 8個

**解説**

(1) 4の倍数 ⇨ 4，8，⑫，16，…

6の倍数 ⇨ 6，⑫，18，…

だから，4と6の最小公倍数は12

(2) 4の倍数でもあり，6の倍数でもある数は，4と6の公倍数で，公倍数は最小公倍数の倍数だから，4と6の最小公倍数12の倍数が何個あるかを求めればよい。

100÷12=8余り4より，8個。

**4 解答** (1) $105=3\times5\times7$ (2) $200=2^3\times5^2$

**解説**

**素因数分解の手順**

① 小さい素数から順にわっていく。

② 商が素数になったらやめる。

③ わった数と最後の商との積の形で表す。

(1)
```
3)105
5) 35
    7
```

(2)
```
2)200
2)100
2) 50
5) 25
    5
```

### STEP 2 合格力をつける問題

**1 解答** (1) $5\frac{9}{20}$ m (2) $1\frac{5}{12}$ 時間

**解説**

(1) **はじめの長さ=切り取った長さ+残りの長さ**にあてはめる。

?
けい子　あゆみ　残り

$1\frac{3}{4}+2\frac{1}{5}+1\frac{1}{2}=1\frac{15}{20}+2\frac{4}{20}+1\frac{10}{20}$

$=4\frac{29}{20}=5\frac{9}{20}$(m)

(2) 45分$=\frac{45}{60}$時間$=\frac{3}{4}$時間だから，

$\frac{2}{3}+\frac{3}{4}=\frac{8}{12}+\frac{9}{12}=\frac{17}{12}=1\frac{5}{12}$(時間)

**2 解答** (1) 12人 (2) みかん…3個，りんご…2個

解説

(1) 子どもの人数で36個をわっても，24個をわってもわり切れるから，子どもの人数は，36と24の公約数。

このうち，最大のものだから，36と24の最大公約数を求めればよい。

36の約数 ⇨ 1, 2, 3, 4, 6, 9, ⑫, 18, 36

24の約数 ⇨ 1, 2, 3, 4, 6, 8, ⑫, 24

したがって，36と24の最大公約数は12だから，求める人数は12人。

(2) みかん…36÷12=3(個)

りんご…24÷12=2(個)

**3 解答** (1) **24 cm** (2) **6枚**

解説

(1) 正方形の1辺の長さは，下の図のように，8の倍数でもあり，12の倍数でもある。

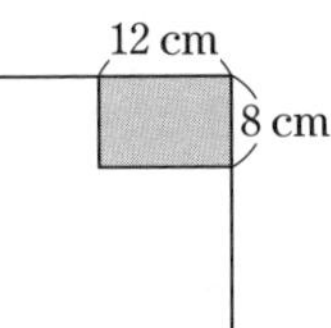


ところが，正方形は縦も横も同じ長さだから，正方形の1辺は8と12の公倍数になる。

このうち，最小のものだから，8と12の最小公倍数を求めればよい。

8の倍数 ⇨ 8, 16, ㉔, 32, ……

12の倍数 ⇨ 12, ㉔, 36, ……

よって，8と12の最小公倍数は24だから，求める1辺の長さは24 cm

(2) 縦に24÷8=3(枚)，横に24÷12=2(枚)並ぶから，3×2=6(枚)

**4 解答** (1) **18÷4.5=(18×10)÷(4.5×10)**

**=180÷45=4**

(2) **1119以上1204未満**

解説

(1) わられる数とわる数に同じ数をかけても，商は変わらないことを利用している。小数のわり算の筆算は，これを利用している。

(2) 余り<わる数だから，余りは，

1以上85以下 ⇨ 1以上86未満

86×13=1118より，求める数は，

(1118+1)以上(1118+86)未満。

**5 解答** (1) **75点** (2) **11点**

(3) **80+(+3−5+5−2−6)÷5**

**=80+(−5)÷5=80−1=79**

**(答え)79点**

解説

(1) 80−5=75(点)

(2) (+5)−(−6)=11(点)

(3) **基準の点数+基準の点数との差の平均**を計算すればよい。

**6 解答** 6

解説

150を素因数分解すると，

$150=2\times3\times5^2$

$$\begin{array}{r|r} 2 & 150 \\ 3 & 75 \\ 5 & 25 \\ & 5 \end{array}$$

これを$(自然数)^2$にするには，それぞれの素因数の指数を偶数にすればよいから，

$(2\times3\times5^2)\times(2\times3)=2^2\times3^2\times5^2$

$=(2\times3\times5)^2=30^2$とすればよい。

よって，かける自然数は6

**7 解答** ア…7　イ…8　ウ…−1

エ…1　オ…−2　カ…6　キ…−5

解説

左上から右下へななめにみると，−6+0+3+9=6より，4つの数の和は6になる。横列で求めた場合を横，縦列で求めた場合を縦で表すと，計算は次のようになる。

ウ横…6−(5+0+2)=6−7=−1

オ縦…6−(−3+2+9)=6−8=−2

イ縦…6−{−1+3+(−4)}=6+2=8

ア横…$6-\{-6+8+(-3)\}=6+1=7$
エ横…$6-\{4+3+(-2)\}=6-5=1$
カ縦…$6-(-6+5+1)=6-0=6$
キ縦…$6-(7+0+4)=6-11=-5$

## STEP 3 ゆとりで合格の問題

**1 解答** (1) 22本 (2) 36

解説

(1) 2本の木の間隔は，長方形の縦32 m と横56 m の公約数になる。

また，木の本数を最も少なくするには，2本の木の間隔をできるだけ長くすればよいから，この間隔は，32と56の最大公約数になる。

32の約数は，1，2，4，8，16，32
これらの中で56をわり切れる数は，
1，2，4，8

よって，32と56の最大公約数は8だから，2本の木の間隔は8 m となり，木の植え方は下の図のようになる。

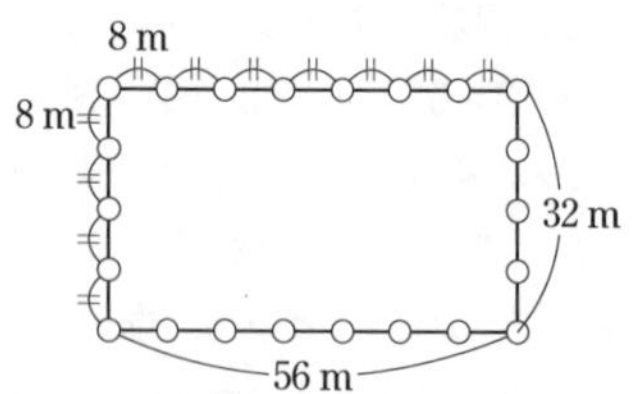


したがって，このときの木の本数は，$(32+56)\times2\div8=22$(本)

ミス対策 長方形の周囲の長さは，(縦＋横)×2だから，
$(32+56)\div8=11$(本)としてはダメ。

(2) もとの整数を $a$ とすると，小数点をつけた数は，もとの整数の $\frac{1}{10}$ になるから，$\frac{1}{10}a$ と表せる。

小数点をつけた数
＝もとの整数 −32.4 だから，
$\frac{1}{10}a=a-32.4$，$a-\frac{1}{10}a=32.4$，
$\frac{9}{10}a=32.4$，$a=32.4\times\frac{10}{9}=36$

# 2 割合，比，速さの問題

問題：57ページ

## STEP 1 基本の問題

**1 解答** (1) 0.4 (2) 35 % (3) 32 m$^2$ (4) 12人

解説

(1) $12\div30=0.4$
(2) 容器全体の量をもとにする。
$7\div20=0.35\rightarrow35$ %
(3) **比べられる量＝もとにする量×割合**だから，$72\times\frac{4}{9}=32$(m$^2$)
(4) 30 % → 0.3 より，$40\times0.3=12$(人)

**2 解答** (1) 7：9，$\frac{7}{9}$ (2) $\frac{7}{9}$ 倍

解説

(1) $42:54=(42\div6):(54\div6)=7:9$
比の値は，$7\div9=\frac{7}{9}$
(2) (1)で求めた比の値が，弟が兄の何倍にあたるかを表している。

**3 解答** (1) $\frac{4}{3}$ 倍 (2) 20 cm

解説

(1) $4\div3=\frac{4}{3}$(倍)
(2) $15\times\frac{4}{3}=20$(cm)

**4 解答** (1) 240 km (2) 72 m (3) 4時間

解説

(1) **道のり＝速さ×時間**だから，
$80\times3=240$(km)

(2) **速さ＝道のり÷時間**だから，
$360\div5=72$(m)←分速にあたる

(3) **時間＝道のり÷速さ**だから，
$180\div45=4$(時間)

## STEP 2 合格力をつける問題

**1 解答** (1) 4 題 (2) 1500 円 (3) 432 円

**解説**

(1) 正答率が 95 %だから，まちがえたのは，$100-95=5$(%)
5 % → 0.05 より，$80\times0.05=4$(題)

(2) 関係を図に表すと，次のようになる。

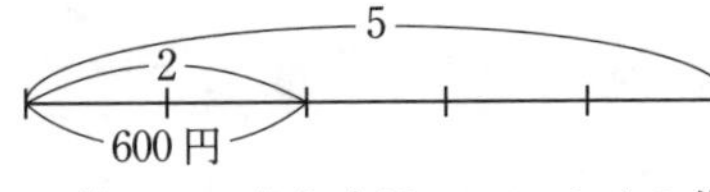


持っていたお金は，ハンカチの代金の $\frac{5}{2}$ だから，$600\times\frac{5}{2}=1500$(円)

(3) **売価＝定価×(1－割引き率)**で，
10 % → 0.1 だから，
$480\times(1-0.1)=432$(円)

**2 解答** (1) 3.6 km (2) B 君
(3) 分速 1 km (4) 4 時間 15 分

**解説**

(1) $\frac{1}{4}$ 時間は，$60\times\frac{1}{4}=15$(分)だから，
$240\times15=3600$(m) → 3.6 km

**ミス対策** 速さが分速で表されているので，$\frac{1}{4}$ 時間を「分」の単位にそろえよう。

(2) A 君…$50\div8=6.25$ → 秒速 6.25 m
B 君…$80\div12.5=6.4$ → 秒速 6.4 m
したがって，B 君のほうが速い。

(3) 1 時間＝60 分だから，
$60\div60=1$(km/分)

(4) $15.3\div3.6=4.25$(時間)
0.25 時間は，$60\times0.25=15$(分)
よって，4.25 時間＝4 時間 15 分

**3 解答** (1) 7：8 (2) 36 個
(3) 兄…15 個，弟…45 個

**解説**

(1) $28:32=(28\div4):(32\div4)=7:8$

(2) 全体を$(3+2)$とみると，兄の分は，全体の $\frac{3}{3+2}$ となる。

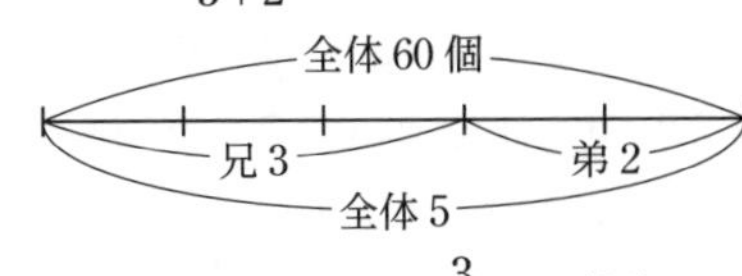


したがって，$60\times\frac{3}{5}=36$(個)

(3) 兄：弟 $=\frac{1}{3}:1=\frac{1}{3}:\frac{3}{3}=1:3$
だから，全体を$(1+3)$とみる。

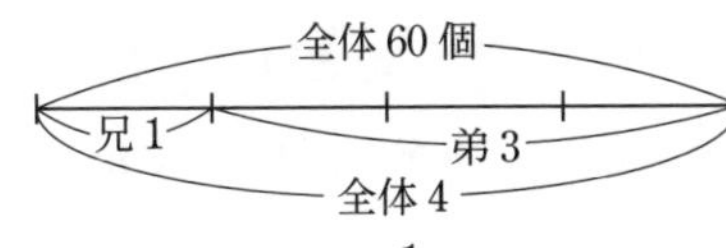


兄の分は，$60\times\frac{1}{4}=15$(個)
弟の分は，$60-15=45$(個)

**4 解答** (1) 88.2 g (2) 30 L

**解説**

(1) **とり出せる塩の量**
**＝1 L の海水からとれる塩の量×海水の量**
より，$24.5\times3.6=88.2$(g)

(2) 求める海水の量を□ L とすると，
$24.5\times□=735$
よって，$□=735\div24.5=30$(L)

**5 解答** もっとも安いセット…C，
1 冊あたりの値段…145 円

**解説**

**ノート 1 冊あたりの値段**
**＝セットの値段÷冊数**より，A，B，C セットのノート 1 冊あたりの値段を求めると，
A…$585\div3=195$(円)
B…$875\div5=175$(円)

C…1450÷10＝145(円)

**6 解答**　(1) $\frac{2}{3}$ m　(2) $\frac{15}{4}$ m

**解説**

(1)　**はね上がる高さ**
**＝ボールを落とした高さ×$\frac{3}{5}$** より，
$1\frac{1}{9}\times\frac{3}{5}=\frac{10}{9}\times\frac{3}{5}=\frac{2}{3}$(m)

(2)　ボールを□ m の高さから落としたとすると，□×$\frac{3}{5}=2\frac{1}{4}$

よって，

□＝$2\frac{1}{4}\div\frac{3}{5}=\frac{9}{4}\times\frac{5}{3}=\frac{15}{4}$(m)

## STEP 3 ゆとりで合格の問題

**1 解答**　(1) 8 分　(2) 時速 48 km

**解説**

(1)　水そうにいっぱいの水の量を 1 とする。

**1 分間に入れる水の量**
**＝水そうに入る水の量 ÷ かかる時間**
だから，

A が 1 分間に入れる水の量は，$\frac{1}{12}$

B が 1 分間に入れる水の量は，$\frac{1}{24}$

A，B 2 つを同時に使ったときに 1 分間に入れる水の量は，

$\frac{1}{12}+\frac{1}{24}=\frac{2}{24}+\frac{1}{24}=\frac{3}{24}=\frac{1}{8}$

よって，かかる時間は，

$1\div\frac{1}{8}=8$(分)

(2)　P 町から Q 町までの道のりを 1 とする。

**かかる時間 ＝ 道のり ÷ 速さ**
だから，

行きにかかる時間は，$\frac{1}{40}$

帰りにかかる時間は，$\frac{1}{60}$

P 町と Q 町の間を往復するのにかかった時間は，

$\frac{1}{40}+\frac{1}{60}=\frac{3}{120}+\frac{2}{120}=\frac{5}{120}=\frac{1}{24}$

よって，平均の速さは，

$1\times2\div\frac{1}{24}=48$(km/ 時)

# 3 方程式の問題

問題：63ページ

## STEP 1 基本の問題

**1 解答**　(1) $\frac{x}{5}=3$　(2) $\pi r^2=25\pi$
(3) $b-8a=34$　(4) $1000-100a=800$
(5) $2t=80$

**解説**

(1)　**全体の長さ÷人数＝1 人分の長さ**
だから，$x\div5=3$，$\frac{x}{5}=3$

(2)　**円の面積＝半径×半径×円周率**
だから，$r\times r\times\pi=25\pi$，$\pi r^2=25\pi$

(3)　**おつり＝出したお金－代金**で，代金は $a\times8=8a$(円)だから，
$b-8a=34$

(4)　**売価＝定価×(1－割引き率)**で，
$a$ 割 ⇨ $\frac{a}{10}$ だから，$1000\times\left(1-\frac{a}{10}\right)$
$=800$，$1000-100a=800$

(5)　**道のり＝速さ×時間**で，$t$ 分＝$\frac{t}{60}$
時間だから，$120\times\frac{t}{60}=80$，$2t=80$

**2 解答**　(1) $5x+14=x-2$　(2) $x=-4$

**解説**

(1)　$x$ を 5 倍して 14 を加えた数は，

$5x+14$，$x$ から 2 をひいた数は，$x-2$ と表せる。

(2) 移項して整理すると，$4x=-16$，$x=-4$ これは問題にあてはまる。

**3 解答** (1) $x+32$(人)

(2) $(x+32)+x=546$

男子…289 人，女子…257 人

**解説**

(1) **男子の人数＝女子の人数＋32** より，$x+32$(人)

(2) **男子の人数＋女子の人数＝全体の人数**から立式する。

式を整理すると，$2x=514$，$x=257$ だから，女子の人数は 257 人で，男子の人数は，$257+32=289$(人)

**4 解答** (1) 70 円 (2) 4 年後

**解説**

(1) **残金＝所持金－代金の合計**である。

えんぴつ 1 本の値段を $x$ 円とすると，代金の合計は $6x+100$(円)だから，方程式は $1000-(6x+100)=480$

これを解くと，$1000-6x-100=480$，$-6x=-420$，$x=70$(円)

(2) $x$ 年後とすると $47+x=3(13+x)$

これを解くと，$47+x=39+3x$，$-2x=-8$，$x=4$(年後)

## STEP 2 合格力をつける問題

**1 解答** (1) $150x+60(15-x)+200=2000$ (2) もも…10 個，みかん…5 個

**解説**

(1) みかんは $15-x$(個)つめることになる。ももの代金は $150x$ 円，みかんの代金は $60(15-x)$円で，かご代は 200 円だから，代金の合計から，

$150x+60(15-x)+200=2000$

(2) (1)の方程式を解くと，

$150x+900-60x+200=2000$，

$90x=900$，$x=10$

よって，ももは 10 個で，みかんは，$15-10=5$(個)

**2 解答** (1) $7x-4$(枚) (2) $7x-4=5x+12$

(3) 子ども…8 人，画用紙…52 枚

**解説**

(1) **画用紙の枚数＝1 人分×人数－不足分**だから，$7\times x-4=7x-4$(枚)

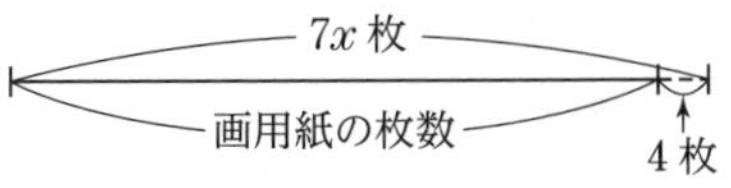


(2) 5 枚ずつ配るとき，

**画用紙の枚数＝1 人分×人数＋余り**だから，$5\times x+12=5x+12$(枚)

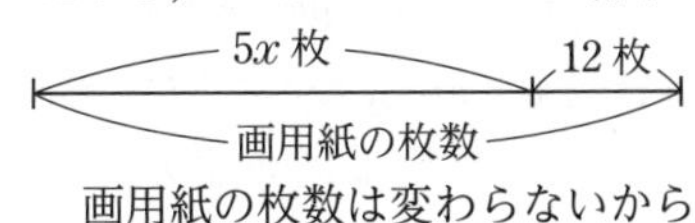


画用紙の枚数は変わらないから，

$7x-4=5x+12$

(3) (2)を解くと，$x=8$ だから，子どもは 8 人，画用紙は $7\times8-4=52$(枚)

**3 解答** (1) $x+(x+1)+(x+2)=234$

(2) 77，78，79

**解説**

(1) 連続する 3 つの整数は，$x$，$x+1$，$x+2$ と表せる。それらの和は 234 だから，$x+(x+1)+(x+2)=234$

(2) (1)を解くと，$3x=231$，$x=77$

よって，3 つの整数は，77，78，79

ミス対策 答えを 77 とするミスが多い。**何を答えるのか**をよく確かめること。

**4 解答** (1) $70(10+x)$ m (2) $210x$ m

(3) 5 分後

**解説**

(1) 弟が出発したとき，兄はすでに 10

分間歩いているので，兄の歩いた時間は，$(10+x)$分。したがって，兄の歩いた道のりは，

$70\times(10+x)=70(10+x)$(m)

(2)　$210\times x=210x$(m)

(3)　追いつくまでに兄弟が進んだ道のりは等しいから，$70(10+x)=210x$

これを解いて，$x=5$(分後)

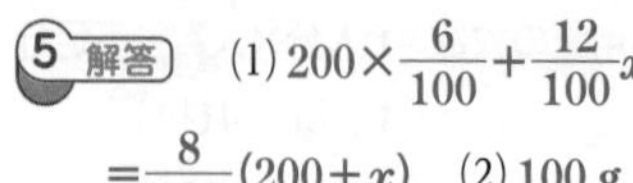

**5** 解答　(1) $200\times\frac{6}{100}+\frac{12}{100}x=\frac{8}{100}(200+x)$　(2) 100 g

解説

(1)　食塩水の問題では，溶けている食塩の重さに着目して方程式をつくる。

**食塩の重さ＝食塩水の重さ×濃度**

混ぜたあとの8%の食塩水の重さは$(200+x)$gになることに注意する。

6%の食塩水200g中の食塩の重さは，$200\times\frac{6}{100}$(g)　……①

12%の食塩水$x$g中の食塩の重さは，$x\times\frac{12}{100}$(g)　……②

混合後の8%の食塩水の重さは$(200+x)$gだから，この食塩水中の食塩の重さは，

$(200+x)\times\frac{8}{100}$(g)　……③

混合前後で，食塩の重さは変わらないから，①＋②＝③が成り立つ。

(2)　(1)の両辺を100倍して解くと，

$200\times6+12x=8(200+x)$,

$1200+12x=1600+8x$，$4x=400$,

$x=100$(g)

**6** 解答　(1) $a=-1$　(2) 1か月前　(3) 28　(4) 6 km

解説

(1)　方程式の解は，**その方程式を成り立たせる**から，方程式に解を代入し，$a$について解けばよい。

方程式に$x=3$を代入すると，

$2-\frac{3-a}{2}=3a+3$

両辺を2倍して，

$4-(3-a)=2(3a+3)$,

$4-3+a=6a+6$，$-5a=5$,

$a=-1$

(2)　$x$か月後に，兄の貯金額が弟の3倍になるとすると，

$4000+100x=3(1400+100x)$

これを解くと，

$4000+100x=4200+300x$,

$-200x=200$，$x=-1$

$-1$か月後は，1か月前のこと。

(3)　十の位が$a$，一の位が$b$の自然数は，$\mathbf{10a+b}$と表せる。

もとの自然数の十の位の数字を$x$とすると，もとの数は$10x+8$，位の数字を入れかえた数は$80+x$と表せるから，$80+x=(10x+8)+54$

これを解くと，$-9x=-18$，$x=2$

よって，もとの自然数は，28

(4)　家から駅までの道のりを$x$kmとして，かかった時間に着目する。

**時間＝道のり÷速さ**より，かかった時間は，

自転車…$\frac{x}{12}$時間　自動車…$\frac{x}{30}$時間

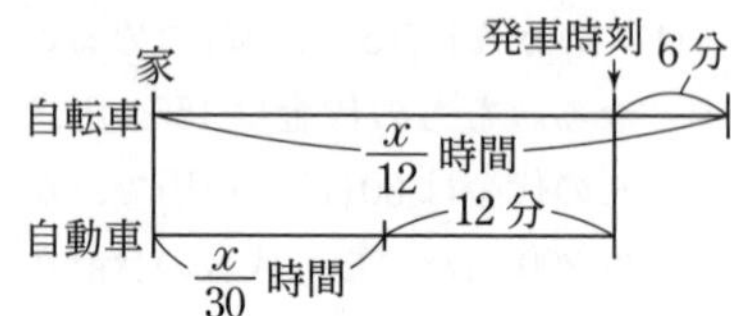

電車の発車時刻を基準とし，分を時間の単位に直して方程式をつくると，$\frac{x}{12}-\frac{6}{60}=\frac{x}{30}+\frac{12}{60}$

両辺を 60 倍して，$5x-6=2x+12$，$3x=18$，$x=6$(km)

## STEP 3 ゆとりで合格の問題

**1 解答** 16000 円

**解説**

仕入れ値を $x$ 円とする。

**定価 = 仕入れ値 ×(1＋ 利益率)**

だから，

A 店の定価は，

$x\times\left(1+\frac{20}{100}\right)=\frac{120}{100}x$(円)

B 店の定価は，

$x\times\left(1+\frac{25}{100}\right)=\frac{125}{100}x$(円)

これより，

A 店の売り値は，$\frac{120}{100}x-2000$(円)

B 店の売り値は，

$\frac{125}{100}x\times\left(1-\frac{14}{100}\right)=\frac{125}{100}x\times\frac{86}{100}$(円)

A，B 両店の売り値は同じだから，

$\frac{120}{100}x-2000=\frac{125}{100}x\times\frac{86}{100}$

これを解くと，

$12000x-20000000=125x\times86$，

$12000x-10750x=20000000$，

$1250x=20000000$，$x=16000$(円)

# 4 比例・反比例の問題

問題:69ページ

## STEP 1 基本の問題

**1 解答** (1) $y=40-x$ (2) $y=150x$，○ (3) $y=x^2$ (4) $y=40x$，○ (5) $y=2\pi x$，○

**解説**

式が $\boldsymbol{y=ax}$ の形になれば，**$y$ は $x$ に比例**する。

(1) **女子の人数＝学級の人数－男子の人数**より，$y=40-x$

(2) **代金＝1 本の値段×本数**より，$y=150\times x$ ⇨ $y=150x$

(3) **正方形の面積＝1 辺×1 辺**より，$y=x\times x$ ⇨ $y=x^2$

(4) **道のり＝速さ×時間**より，$y=40\times x$ ⇨ $y=40x$

(5) **円周＝直径×円周率**より，$y=x\times2\times\pi$ ⇨ $y=2\pi x$

**2 解答** (1) $y=\frac{30}{x}$，○ (2) $y=10-x$ (3) $y=\frac{10}{x}$，○ (4) $y=\frac{60}{x}$，○ (5) $y=20-x$

**解説**

式が $\boldsymbol{y=\frac{a}{x}}$ の形になれば，**$y$ は $x$ に反比例**する。

(1) **平行四辺形の面積＝底辺×高さ**より，$x\times y=30$ ⇨ $y=\frac{30}{x}$

(2) **残りの道のり＝全体の道のり－歩いた道のり**より，$y=10-x$

(3) **時間＝道のり÷速さ**より，$y=10\div x$ ⇨ $y=\frac{10}{x}$

(4) **水そうの容積＝1 分間に入れる水の量×時間**より，$x\times y=60$ ⇨ $y=\frac{60}{x}$

(5) **縦＋横 ＝ 長方形の周の長さ÷2** より，$x+y=40\div2$ ⇨ $y=20-x$

**3 解答** (1) $y=4x$ (2) $y=-\frac{18}{x}$

**解説**

(1) $y$ は $x$ に比例するから，$a$ を比例定数として，$\boldsymbol{y=ax}$ と表せる。

この式に上下に対応する $x$，$y$ の値の組を代入して，$a$ の値を求める。

$y=ax$ に $x=1$，$y=4$ を代入すると，$4=a\times1$，$a=4$

よって，$y=4x$

(2) $y$ は $x$ に反比例するから，$a$ を比例定数として，$\boldsymbol{y=\frac{a}{x}}$ と表せる。

この式に上下に対応する $x$，$y$ の値の組を代入して，$a$ の値を求める。

$y=\frac{a}{x}$ に $x=1$，$y=-18$ を代入すると，$-18=\frac{a}{1}$，$a=-18$

よって，$y=-\frac{18}{x}$

## STEP 2 合格力をつける問題

**1 解答** (1) $\boldsymbol{y=6x}$ (2) 4800 円 (3) 1250 g

**解説**

重さが 2 倍，3 倍，…になると，代金も 2 倍，3 倍，…になるから，代金 $y$ 円は，重さ $x$ g に比例する。

(1) $y=ax$ とおくと，
$x=300$ のとき $y=1800$ だから，
$1800=a\times300$，$a=6$
したがって，$y=6x$

(2) $x=800$ を(1)の式に代入して，
$y=6\times800=4800$(円)

(3) $y=7500$ を(1)の式に代入して，
$7500=6x$，$x=1250$(g)

**2 解答** (1) $\boldsymbol{y=\frac{144}{x}}$ (2) 6 回転 (3) 16

**解説**

(1) 一定時間内にかみ合う歯の数は，A，B で等しいから，
$18\times8=x\times y$，$144=xy$
したがって，$y=\frac{144}{x}$

(2) $x=24$ を(1)の式に代入して，
$y=\frac{144}{24}=6$(回転)

(3) $y=9$ を(1)の式に代入して，
$9=\frac{144}{x}$，$x=\frac{144}{9}=16$

**3 解答** (1) $\boldsymbol{y=\frac{60}{x}}$ (2) $\boldsymbol{y=\frac{1}{12}x}$ (3) $\boldsymbol{y=0.05x}$ (4) $\boldsymbol{y=\frac{240}{x}}$

**解説**

(1) **のべ人数＝働く人数×日数**で，これは同じ仕事では等しいから，
$4\times15=x\times y$ より，$y=\frac{60}{x}$

(2) ガソリンの量は走る距離に比例するから，$y=ax$ に $x=120$，$y=10$ を代入して，$10=a\times120$，$a=\frac{1}{12}$
したがって，$y=\frac{1}{12}x$

(3) 針金の重さ $y$ kg は，長さ $x$ m に比例する。200 g＝0.2 kg だから，
$y=ax$ に $x=4$，$y=0.2$ を代入して，
$0.2=a\times4$，$a=0.05$
したがって，$y=0.05x$

miss ミス対策 $y=200$ を代入するミスに注意。重さの単位を **kg にそろえて**考えよう。

(4) てんびんの左右で，**おもりの重さ×距離**は等しいから，$30\times8=x\times y$ より，$y=\frac{240}{x}$

**4 解答** (1) $\boldsymbol{y=10}$ (2) $-15$

解説

(1)　$y=-\frac{5}{4}x$ に $x=-8$ を代入して，

$y=-\frac{5}{4}\times(-8)=10$

(2)　比例の関係 $y=ax$ では，$x$ の値が1増加すると，$y$ の値は比例定数 $a$ だけ増加することを利用する。

　$x$ の値が $16-4=12$ 増加するので，$y$ の値は，$-\frac{5}{4}\times12=-15$ 増加する。

**5** 解答　(1) $y=12x$　(2) 25分後

(3) $120\leqq y\leqq180$

解説

(1)　**水そうの中の水の量**

**=1分間に入れる水の量×時間**

より，$y=12x$

(2)　水そうがいっぱいになるのは $y=300$ のときだから，$y=12x$ に $y=300$ を代入して，

　$300=12x$，$x=25$

(3)　比例の関係 $y=12x$ は，$x$ の値が増加すると，$y$ の値も増加する。

　よって，$x=10$ のとき $y=12\times10=120$ で，$y$ は最小値をとり，$x=15$ のとき $y=12\times15=180$ で，$y$ は最大値をとる。

　したがって，$y$ の変域は，

　$120\leqq y\leqq180$

**6** 解答　(1) (6，8)　(2) $a=48$

(3) $(-4，-12)$

解説

(1)　点Aは $y=\frac{4}{3}x$ のグラフ上の点だから，その $y$ 座標は，$y=\frac{4}{3}\times6=8$

　よって，点Aの座標は(6，8)

(2)　点Aは $y=\frac{a}{x}$ のグラフ上の点だから，この式に $x=6$，$y=8$ を代入して，$8=\frac{a}{6}$，$a=48$

(3)　$y=\frac{48}{x}$ に $x=-4$ を代入して，

$y=\frac{48}{-4}=-12$

よって，点Bの座標は$(-4，-12)$

## STEP 3 ゆとりで合格の問題

**1** 解答　(1) $y=75x$　(2) $y=\frac{2}{3}x$

解説

(1)　代金は長さに比例するから，$y=ax$ とおき，比例定数 $a$ の値，つまり1mあたりの値段を求めればよい。

　3mが150g→1mは50g

　100gが150円→1gは1.5円

　よって，50gは，$1.5\times50=75$(円)だから，1mあたり75円である。

　したがって，$y=75x$

(2)　原点Oと線分ABの中点を通る直線の式を求めればよい。

　2点$(a，b)$，$(c，d)$を結ぶ線分の中点の座標は，$\left(\frac{a+c}{2}，\frac{b+d}{2}\right)$と表せるから，2点A(4，7)，B(8，1)を結ぶ線分の中点の座標は，

$\left(\frac{4+8}{2}，\frac{7+1}{2}\right)$ ⇨ (6，4)

　求める直線は，原点Oを通るから，$y=ax$ に中点の座標を代入して，

$4=6a$，$a=\frac{2}{3}$　よって，$y=\frac{2}{3}x$

# ⑤ 平面図形の問題

問題：75ページ

## STEP 1 基本の問題

**1 解答**　(1)　(2)

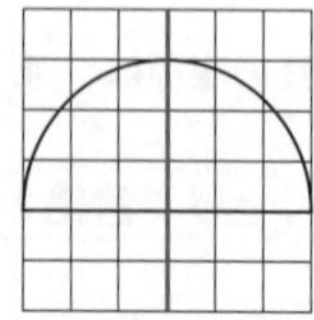

(3)

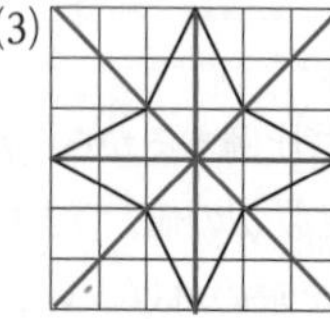

**解説**

(1)〜(3)　どこを折り目とすれば，ぴったり重なるかを考えて，対称の軸をかき入れる。

**2 解答**　(1) 90 cm²　(2) 120 cm²

**解説**

(1)　**三角形の面積＝底辺×高さ÷2**

底辺 12 cm，高さ 15 cm の三角形の面積だから，

$12\times15\div2=90(\text{cm}^2)$

(2)　**平行四辺形の面積＝底辺×高さ**

底辺 10 cm，高さ 12 cm の平行四辺形の面積だから，

$10\times12=120(\text{cm}^2)$

**3 解答**　(1) 弧 AB の長さ…$4\pi$ cm，面積…$20\pi$ cm²

(2) 弧 AB の長さ…$5\pi$ cm，面積…$15\pi$ cm²

**解説**

(1)　弧 AB の長さは，

$2\pi\times10\times\frac{72}{360}=4\pi(\text{cm})$

面積は，

$\pi\times10^2\times\frac{72}{360}=20\pi(\text{cm}^2)$

(2)　弧 AB の長さは，

$2\pi\times6\times\frac{150}{360}=5\pi(\text{cm})$

面積は，

$\pi\times6^2\times\frac{150}{360}=15\pi(\text{cm}^2)$

**4 解答**　(1)(2) 解説の図を参照

**解説**

(1)　①点 A，B を中心として等しい半径の円をかき，交点を P，Q とする。

②直線 PQ をひく。

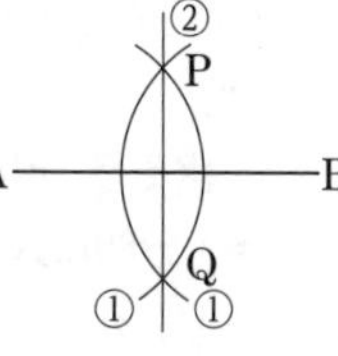


(2)　①点 O を中心として円をかき，OX，OY との交点を A，B とする。

②点 A，B を中心として等しい半径の円をかき，交点を P とする。

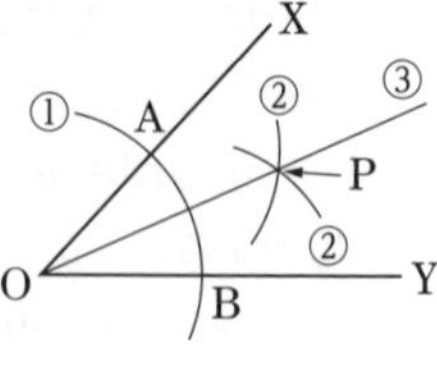


③半直線 OP をひく。

## STEP 2 合格力をつける問題

**1 解答**　(1) ㋐，㋑，㋒，㋓　(2) ㋑，㋓　(3) ㋐，㋑，㋒，㋓　(4) ㋐，㋑，㋓

**解説**

それぞれ図にかいて考えるとよい。

(1)　台形は，1組の辺だけが平行。

(2)　長方形は，線対称な図形であるが，対角線は対称の軸にならない。

(3)　台形を除いた他の四角形は，対角線の交点が対称の中心になる。

(4) (3)で答えた四角形のうち，平行四辺形は線対称な図形ではない。

**2 解答** (1) $55\ \mathrm{cm}^2$ (2) $90\ \mathrm{cm}^2$ (3) $8\pi\ \mathrm{cm}^2$ (4) $36\pi-72(\mathrm{cm}^2)$

**解説**

(1) 底辺が10 cm，高さが4 cmの三角形の面積と，底辺が10 cm，高さが7 cmの三角形の面積の和である。

よって，

$10\times4\div2+10\times7\div2=55(\mathrm{cm}^2)$

(2) 上底が$11-6=5$(cm)，下底が7 cm，高さが15 cmの台形の面積である。

**台形の面積**

**＝(上底＋下底)×高さ÷2** より，

$(5+7)\times15\div2=90(\mathrm{cm}^2)$

(3) 大きい半円の面積から，中と小の半円の面積をひけばよい。

半円㊅の半径は，半円㊥と㊦の半径の和で，$4+2=6$(cm)だから，それぞれの面積は，

半円㊅…$\pi\times6^2\times\dfrac{1}{2}=18\pi(\mathrm{cm}^2)$

半円㊥…$\pi\times4^2\times\dfrac{1}{2}=8\pi(\mathrm{cm}^2)$

半円㊦…$\pi\times2^2\times\dfrac{1}{2}=2\pi(\mathrm{cm}^2)$

したがって，求める面積は，

$18\pi-8\pi-2\pi=8\pi(\mathrm{cm}^2)$

(4) 半径12 cm，中心角90°のおうぎ形の面積から，底辺と高さが12 cmの三角形の面積をひけばよい。

おうぎ形の面積は，

$\pi\times12^2\times\dfrac{90}{360}=36\pi(\mathrm{cm}^2)$

三角形の面積は，

$12\times12\div2=72(\mathrm{cm}^2)$

したがって，求める面積は，

$36\pi-72(\mathrm{cm}^2)$

**3 解答** (1) △DCE，△FEG (2) 6 cm (3) 120°，点F

**解説**

(1) 直線BG上で，△ABCを4 cm移動すると△DCEに，$4\times2=8$(cm)移動すると△FEGに重なる。

(2) 対称移動では，対応する点を結ぶ線分は，対称の軸によって2等分される。点Bと点Gが対応し，線分BGの中点を対称の軸が通るから，$\mathrm{BG}=4\times3=12$(cm)より，求める距離は，$12\div2=6$(cm)

(3) 辺DAが辺DEに重なればよいから，回転の角度は∠ADEである。

正三角形の3つの角はすべて60°だから，$\angle\mathrm{ADE}=60^\circ\times2=120^\circ$

また，辺DCを点Dを中心に120°回転させると，辺DFに重なるから，点Cは点Fに重なる。

**4 解答** 70°

**解説**

直線$\ell$，$m$を折り目として折り返すと，点が重なることを利用する。

右上の図で，$\angle\mathrm{AOD}=\angle\mathrm{BOD}$

$\angle\mathrm{AOE}=\angle\mathrm{COE}$

より，$\angle\mathrm{BOC}=2\angle\mathrm{AOD}+2\angle\mathrm{AOE}$

$=2\angle\mathrm{DOE}=2\times35^\circ=70^\circ$

解答 ❷次 数理技能

**5 解答**

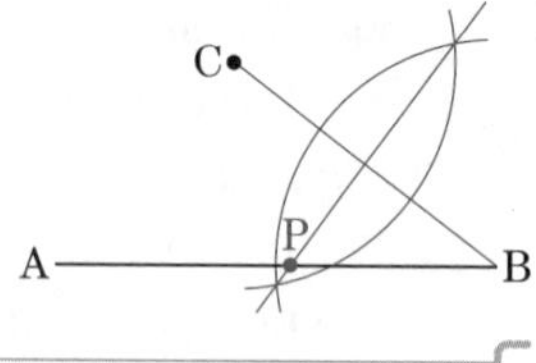


**解説**

右の図のように，線分AB上にかってな点Pをとると，AB=AP+PBだから，条件AP+PC=ABより，PB=PCとなる点Pを求めればよい。

点Pは2点B，Cから等しい距離にあるから線分BCの垂直二等分線を作図し，ABとの交点をPとすればよい。

**6 解答**　(1) $\frac{4}{3}$ 倍　(2) 8 cm　(3) 84°

**解説**

(1)　辺BCと辺EFが対応しているから，$12\div9=\frac{4}{3}$(倍)

(2)　辺ABと辺DEが対応しているから，$6\times\frac{4}{3}=8$(cm)

(3)　∠Aと∠Dが対応していて，拡大図・縮図では，対応する角の大きさは等しいから，

$\angle A=\angle D=180^\circ-(55^\circ+41^\circ)$
$=84^\circ$

**7 解答**　(1) 17 cm　(2) 10 km

**解説**

(1)　**縮図上の長さ＝実際の長さ×縮尺**

8500 m=850000 cmだから，

$850000\times\frac{1}{50000}=17$(cm)

(2)　**実際の長さ＝縮図上の長さ÷縮尺**

$20\div\frac{1}{50000}=20\times50000$
$=1000000$(cm)

1000000 cm=10000 m=10 km

## STEP 3　ゆとりで合格の問題

**1 解答**　$9\pi$ cm$^2$

**解説**

下の図のように，斜線部分を右に移すと，求める面積は，2つのおうぎ形の面積の差になる。

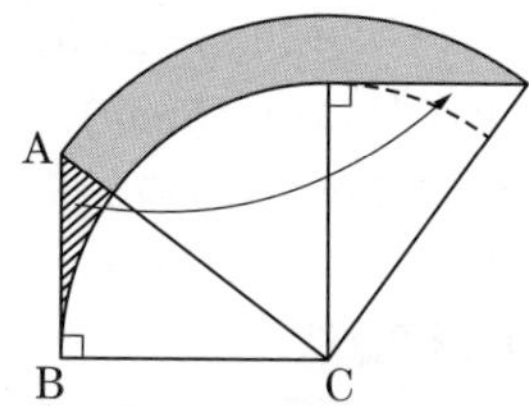


したがって，求める面積は，

$\pi\times10^2\times\frac{90}{360}-\pi\times8^2\times\frac{90}{360}$
$=25\pi-16\pi=9\pi$(cm$^2$)

# 6　空間図形の問題

問題:81ページ

## STEP 1　基本の問題

**1 解答**　(1) 辺BC，EH，FG
(2) 4つ　(3) 4つ　(4) 4つ
(5) 辺CG，DH，FG，EH

**解説**

(1)　辺ADを含む面に目をつけると，
長方形ABCDで，AD//BC
長方形AEHDで，AD//EH
また，長方形AFGDで，AD//FG

(2)　辺BFを含む面，長方形ABFE，長方形BFGCに目をつけると，
辺AB，EF，BC，FGの4つが辺BFと垂直。

(3)　直方体の向かい合う面は平行だか

ら面ABFEと向かい合う面DCGHをつくる4つの辺CG，GH，DH，CDが面ABFEと平行。

(4)　面BFGCととなり合っている4つの面が面BFGCと垂直。

(5)　辺ABと平行でなく，交わらない辺がねじれの位置にある。

辺ABと平行な辺は，辺DC，HG，EF，辺ABと交わる辺は，辺AD，BC，AE，BFだから，残りの辺CG，DH，FG，EHが辺ABとねじれの位置にある。

**2 解答**　(1) ㋐　(2) ㋕　(3) ㋑　(4) ㋒

**解説**

立面図から側面の形を，平面図から底面の形を判断するとよい。

(1)　正面から見ると長方形だから，この立体は角柱か円柱と考えられ，真上から見た図が三角形だから，三角柱。

(2)　正面から見ると三角形だから，この立体は角錐か円錐と考えられ，真上から見た図が円だから，円錐。

(3)　正面から見た図は三角形，真上から見た図は三角形だから，三角錐。

(4)　正面から見た図は長方形，真上から見た図は四角形だから，四角柱。

**3 解答**　(1) $50\ \mathrm{cm}^3$　(2) $180\pi\ \mathrm{cm}^3$

**解説**

(1)　**角錐の体積＝$\frac{1}{3}$×底面積×高さ**

よって，$\frac{1}{3}\times\underbrace{5\times5}_{底面積}\times\underbrace{6}_{高さ}=50(\mathrm{cm}^3)$

(2)　**円錐の体積＝$\frac{1}{3}$×底面積×高さ**

底面の半径は，$12\div2=6$(cm)

よって，

$\frac{1}{3}\times\underbrace{\pi\times6^2}_{底面積}\times\underbrace{15}_{高さ}=180\pi(\mathrm{cm}^3)$

## STEP 2　合格力をつける問題

**1 解答**　(1) $648\ \mathrm{cm}^3$　(2) $1024\ \mathrm{cm}^3$

**解説**

(1)　下の図のように，縦に2つの直方体に分けて求める。

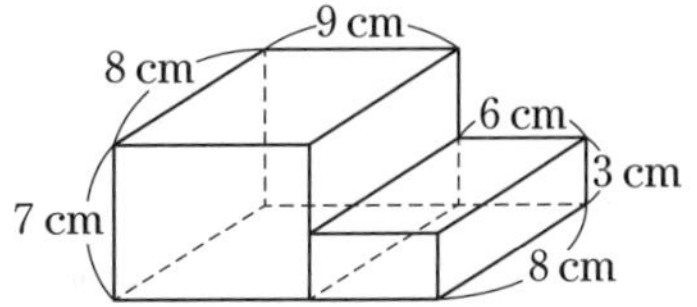


$8\times9\times7+8\times6\times3=648(\mathrm{cm}^3)$

**【別解】**　横に2つの直方体に分けると，

$8\times9\times4+8\times15\times(7-4)=648(\mathrm{cm}^3)$

大きい直方体から小さい直方体がかけたものとみると，

$8\times15\times7-8\times(15-9)\times4$
$=648(\mathrm{cm}^3)$

(2)　大きい直方体の体積から小さい直方体の体積をひいて求める。

$12\times12\times8-4\times4\times8=1024(\mathrm{cm}^3)$

**2 解答**　(1) **正四面体(三角錐)**　(2) 6　(3) **ねじれの位置**

**解説**

(1)　合同な正三角形の面4つでできているから，正四面体。

(2)　正四面体は，下の図のような三角錐と考えられるから，辺の数は6。

(3)　右の図から，辺ADとBEは，平行でなく，交わらないから，ねじれの位置にある。

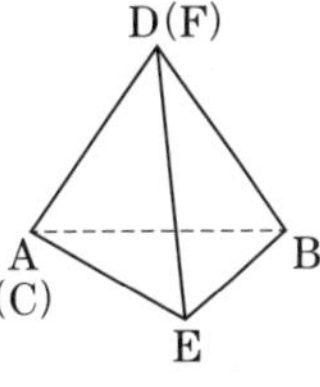


解答　❷次 数理技能

**3 解答** (1) $180\pi$ cm$^2$ (2) $325\pi$ cm$^3$

**解説**

(1) **円柱の表面積＝側面積＋底面積×2**

円柱の展開図は下の図のようになる。

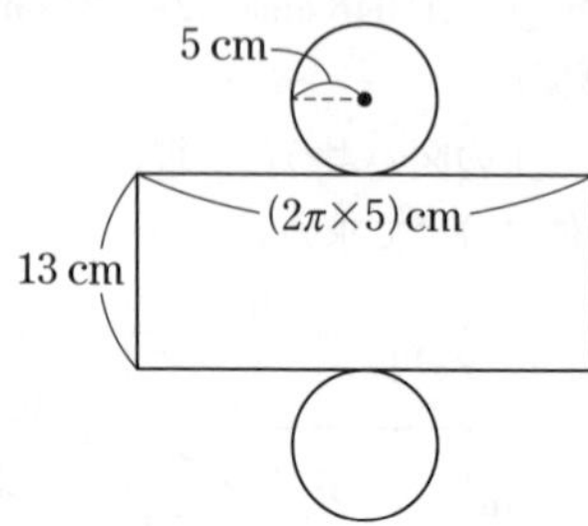


側面積は，$13\times2\pi\times5=130\pi(\text{cm}^2)$

底面積は，$\pi\times5^2=25\pi(\text{cm}^2)$

表面積は，

$130\pi+25\pi\times2=180\pi(\text{cm}^2)$

(2) **円柱の体積＝底面積×高さ**

よって，$\underset{\uparrow\ \text{底面積}}{\underline{25\pi}}\times\underset{\uparrow\ \text{高さ}}{13}=325\pi(\text{cm}^3)$

**4 解答** (1) $144\pi$ cm$^3$ (2) $108\pi$ cm$^2$

**解説**

(1) **球の体積＝$\frac{4}{3}\pi\times$(半径)$^3$**

半径 6 cm の球の体積の半分だから，$\frac{4}{3}\pi\times6^3\times\frac{1}{2}=144\pi(\text{cm}^3)$

(2) **球の表面積＝$4\pi\times$(半径)$^2$**

問題の立体は，曲面の部分と円の部分でできている。曲面の部分の面積は，半径 6 cm の球の表面積の半分で，$4\pi\times6^2\times\frac{1}{2}=72\pi(\text{cm}^2)$

また，円の部分の面積は，

$\pi\times6^2=36\pi(\text{cm}^2)$

したがって，表面積は，

$72\pi+36\pi=108\pi(\text{cm}^2)$

**5 解答** (1) $56\pi$ cm$^3$ (2) $56+28\pi(\text{cm}^2)$

**解説**

(1) 立体の見取図をかくと，右の図のように，底面の半径が 4 cm, 高さが 7 cm の円柱の半分だから，体積は，

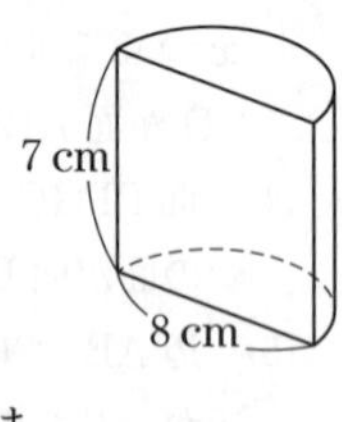


$\pi\times4^2\times7\times\frac{1}{2}=56\pi(\text{cm}^3)$

(2) 側面は，下の展開図の長方形の部分で，$a$ の長さは底面の弧の長さに等しい。

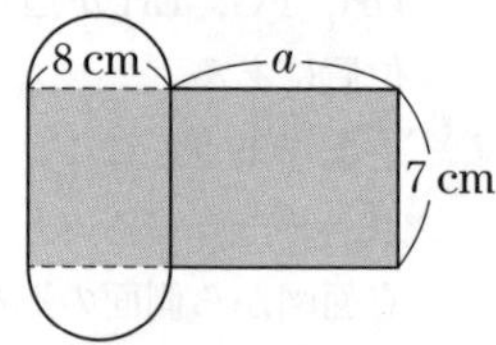


$a=8\times\pi\times\frac{1}{2}=4\pi(\text{cm})$

だから，側面積は，

$7\times(8+4\pi)=56+28\pi(\text{cm}^2)$

**6 解答** (1) 4 cm (2) $56\pi$ cm$^2$

**解説**

(1) 底面の円周の長さは，**側面のおうぎ形の弧の長さに等しい**ことを利用する。

おうぎ形の弧の長さは，

$2\pi\times10\times\frac{144}{360}=8\pi(\text{cm})$

底面の円の半径を $r$ cm とすると，

$2\pi r=8\pi$，$r=4(\text{cm})$

(2) 側面積＝$\pi\times10^2\times\frac{144}{360}=40\pi(\text{cm}^2)$

底面積＝$\pi\times4^2=16\pi(\text{cm}^2)$

よって，表面積は，

$40\pi+16\pi=56\pi(\text{cm}^2)$

**7 解答** (1) 円錐 (2) $32\pi$ cm$^3$

**解説**

平面図形を，1つの直線を軸として

1回転させてできる立体を**回転体**という。

(1)　できる立体は，右の図のような円錐である。

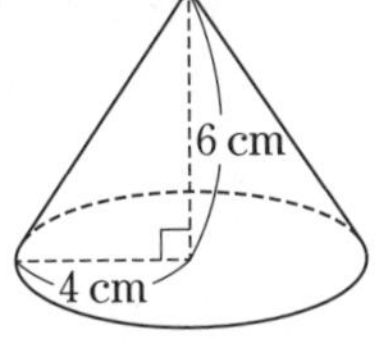


(2)　(1)の見取図より，円錐の体積は，

$\frac{1}{3}\pi\times4^2\times6=32\pi(\text{cm}^3)$

## STEP 3 ゆとりで合格の問題

**1 解答**　(1) 7800 cm³　(2) 30 cm

**解説**

(1)　台形の面を底面とみて，四角柱の体積を求めればよい。

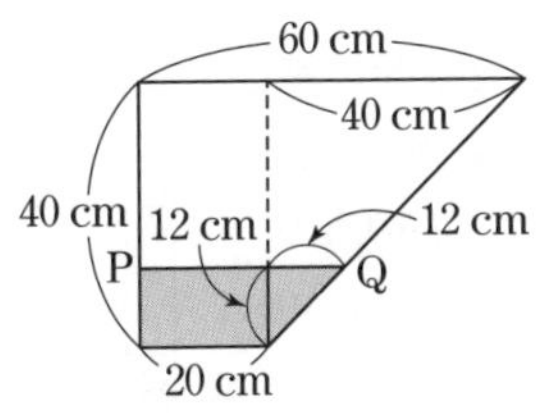


PQ の長さは，20＋12＝32(cm)だから，台形の面積は，

$(32+20)\times12\div2=312(\text{cm}^2)$

したがって，体積は，

$312\times25=7800(\text{cm}^3)$

(2)　**水の体積÷B の底面積**より求める。

B の底面積＝26×20÷2＝260(cm²)

したがって，水の深さは，

7800÷260＝30(cm)

# 7 データの活用の問題

問題:87ページ

## STEP 1 基本の問題

**1 解答**　(1) 2倍　(2) 20 %　(3) 5.7 点

**解説**

(1)　得点が 6 点の生徒は 8 人，得点が 4 点の生徒は 4 人だから，

8÷4＝2(倍)

(2)　(2＋3＋2)÷35＝0.2 → 20 %

(3)　**平均点＝得点の合計÷人数**である。

得点の合計は，1×2＋2×2＋3×2＋4×4＋5×5＋6×8＋7×5＋8×2＋9×3＋10×2＝199(点)だから，平均点は，199÷35＝5.68…(点)

**2 解答**　(1) 10.4 g　(2) 60.3 g　(3) 60.3 g

**解説**

(1)　データの最大の値と最小の値との差を求めればよい。最大の値は 65.3 g，最小の値は 54.9 g だから，

65.3－54.9＝10.4(g)

(2)　(65.3＋57.8＋63.2＋54.9＋60.3)÷5＝60.3(g)

(3)　データを大きさの順に並べたとき，**中央にくる値**(この問題では3番目)を求めればよい。

**3 解答**　(1) 17.5 m　(2) 65 %　(3) 0.25　(4) 35 人

**解説**

(1)　度数が最も大きい階級は，15 m 以上 20 m 未満の階級だから，この階級の階級値は，$\frac{15+20}{2}=17.5(\text{m})$

(2)　25 m 未満の生徒の人数は，

5＋11＋10＝26(人)

よって，26÷40×100＝65(%)

(3)　**相対度数＝$\frac{\text{ある階級の度数}}{\text{度数の合計}}$**

20 m 以上 25 m 未満の階級の度数は 10 人だから，10÷40＝0.25

(4)　25 m 以上 30 m 未満の階級の累積度数は，5＋11＋10＋9＝35(人)

## STEP 2 合格力をつける問題

**1 解答**　(1) 6.6 点　(2) 6 点　(3) 7 点

**解説**

(1) 得点の合計は，
$2\times1+3\times2+4\times1+5\times3+6\times5+7\times4+8\times3+9\times4+10\times2=165$(点)
平均点は，$165\div25=6.6$(点)

(2) 最も人数が多いのは 6 点の 5 人だから，最頻値は 6 点。

(3) 中央値は 13 番目の得点で，13 番目の得点は 7 点。

**2 解答**　(1) 40 人　(2) 0.25　(3) 33 人

**解説**

(1) 各階級の度数を順にたすと，
$6+9+10+8+5+2=40$(人)

(2) 度数が最も大きい階級は，20 m 以上 25 m 未満の階級の 10 人だから，この階級の相対度数は，$\dfrac{10}{40}=0.25$

(3) 最初の階級から，その階級までの度数を合計した値を**累積度数**という。
$6+9+10+8=33$(人)

**3 解答**　(1) $x=9$　(2) 0.18　(3) 40 人　(4) 0.80

**解説**

(1) 度数の合計が 50 人だから，
$4+x+15+12+7+3=50$
よって，
$x=50-(4+15+12+7+3)=9$(人)

(2) 10 分以上 15 分未満の階級の度数は 9 人だから，$9\div50=0.18$

(3) 20 分以上 25 分未満の階級までの累積度数は，$4+9+15+12=40$(人)

(4) **累積相対度数**
$=\dfrac{\text{ある階級の累積度数}}{\text{度数の合計}}$

(3)より，20 分以上 25 分未満の階級までの累積度数は 40 人だから，
$40\div50=0.80$

**4 解答**　(1) 40 人　(2) $x=20$

**解説**

(1) 度数の合計を $a$ 人とすると，得点が 4 点のときの度数は 12 人，相対度数は 0.3 だから，$\dfrac{12}{a}=0.3$ より，
$a=12\div0.3=40$(人)

(2) 得点が 5 点のときの度数と相対度数から，$\dfrac{x}{40}=0.5$ より，
$x=40\times0.5=20$

**5 解答**　(1) 15 通り　(2) 6 通り

**解説**

(1) 2 種類の選び方の組み合わせは，右の表の○の数になるから，15 通り。

| ＼ | い | ね | 肉 | キ | ピ | に |
|---|---|---|---|---|---|---|
| い | ＼ | ○ | ○ | ○ | ○ | ○ |
| ね | | ＼ | ○ | ○ | ○ | ○ |
| 肉 | | | ＼ | ○ | ○ | ○ |
| キ | | | | ＼ | ○ | ○ |
| ピ | | | | | ＼ | ○ |
| に | | | | | | ＼ |

(2) 5 種類を選ぶことは，選ばない 1 種類を決めることと同じである。
選ばない 1 種類を決める場合の数は 6 通りだから，5 種類の選び方の組み合わせは，6 通り。

**6 解答**　(1) 24 通り　(2) 12 通り

**解説**

(1) 3 枚のカードの取り出し方と，カードを並べてできる 3 けたの整数は，下の図のように 24 通り。

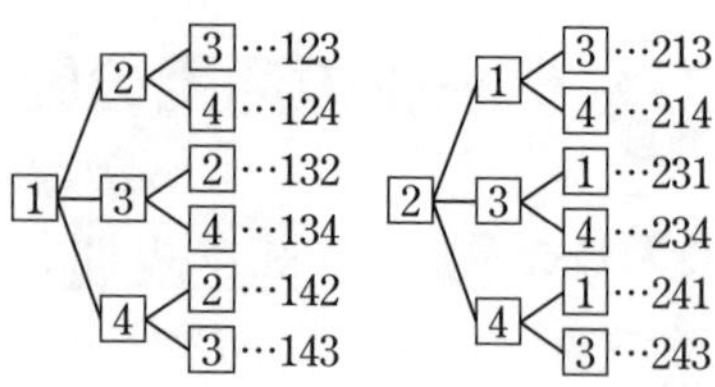

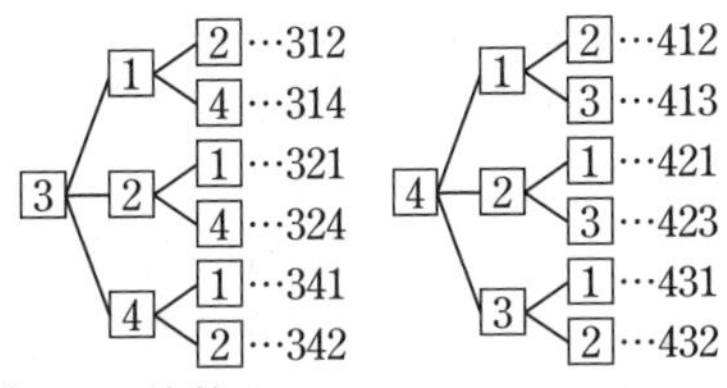

(2) 3の倍数は，

123，132，213，231，234，243，

312，321，324，342，423，432

の12通り。

※「各位の数の和が3の倍数である整数は3の倍数である」

このことを知っていると，3の倍数を簡単に見つけることができる。

## STEP 3 ゆとりで合格の問題

**1 解答**　$x=12$，$y=0.30$，$z=0.05$

解説

$z$，$y$，$x$ の順に求めて，$z=\frac{2}{40}=0.05$

$y=1.00-(0.05+0.45+0.15+0.05)$

$=0.30$

$\frac{x}{40}=0.30$ より，$x=40\times0.30=12$

# 8 思考力を必要とする問題

問題:93ページ

## STEP 1 基本の問題

**1 解答**　(1) 1　(2) 0

解説

+1と −1の2つの数の組み合わせで，和が0になることから求める。

(1) $7\div2=3$ 余り1だから，余りの1から考えて，和は1

(2) $100\div2=50$ だから，和は0

**2 解答**　(1) 89　(2) $8a+13b$

解説

(1) 3番目の数は，$1+2=3$，4番目の数は，$2+3=5$，5番目の数は，$3+5=8$，…と求めていくと，数の並びは，次のようになる。

1，2，3，5，8，13，21，34，55，89

よって，10番目の数は89

(2) 3番目の数は，$a+b$

4番目の数は，$b+(a+b)=a+2b$

5番目の数は，

$(a+b)+(a+2b)=2a+3b$

6番目の数は，

$(a+2b)+(2a+3b)=3a+5b$

7番目の数は，

$(2a+3b)+(3a+5b)=5a+8b$

8番目の数は，

$(3a+5b)+(5a+8b)=8a+13b$

**3 解答**　(1) $5n$　(2) 75個

解説

(1) 右の図のように，$n$ 番目の正五角形の1辺には $(n+1)$ 個の碁石が並んでいる。

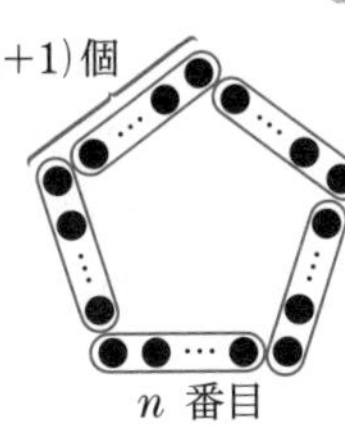


これより，$n$ 番目の図形の碁石の数は，〔　〕で囲んだ $n$ 個の碁石の5つ分と考えられる。

よって，$n$ 番目の図形の碁石の数は，$n\times5=5n$(個)

(2) (1)で求めた式に $n=15$ を代入して，

$5\times15=75$(個)

**4 解答**　(1) 4　(2) 1

解説

(1) $8^2=64$ より，【8】$=4$

(2) $7^2=49$ より，【7】$=9$

$9^2=81$ より，【9】$=1$

よって，【【7】】$=$【9】$=1$

## STEP 2 合格力をつける問題

**1 解答**　(1) 3　(2) 5

**解説**

7個の数字がくり返し並んでいるので，$n$ 番目の数は，$n$ を7でわった余りに着目する。

(1)　$50\div7=7$ 余り1

よって，50番目の数は，7個の数字の1番目の数になるので3

(2)　$300\div7=42$ 余り6

よって，300番目の数は，7個の数字の6番目の数になるので5

**2 解答**　9

**解説**

小数点以下は，5，9，2の3個の数字がくり返されている。

したがって，$47\div3=15$ 余り2より，小数第47位の数は，3個の数字を15回くり返したあとの2番目の数で，9

**3 解答**　(1) 5個　(2) 36個

**解説**

(1)　右の図より，正三角形を作るのに必要なおはじきの数は，

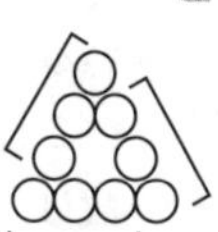

**(1辺の数$-1$)$\times3$**

で求められる。

12個使ったときの1辺の数を $x$ 個とすると，$(x-1)\times3=12$

これを解くと，$x=5$(個)

(2)　正三角形の内側にもおはじきをうめて考える。すると，1列目に1個，2列目に2個，3列目に3個，…のおはじきが並ぶ。

1列目
2列目
3列目
4列目

10番目の正三角形は11列あるから，おはじきの数は，

$1+2+3+\cdots+10+11=66$(個)

まわりのおはじきの数は，1辺が11個だから，$(11-1)\times3=30$(個)

したがって，内側のおはじきの数は，$66-30=36$(個)

**4 解答**　**$a=5$，$b=5$ のとき，25**

**解説**

$a$，$b$ の値の組を$(a,\ b)$と表すと，

$(1,\ 9)$のとき，$a\times b=1\times9=9$

$(2,\ 8)$のとき，$a\times b=2\times8=16$

$(3,\ 7)$のとき，$a\times b=3\times7=21$

$(4,\ 6)$のとき，$a\times b=4\times6=24$

$(5,\ 5)$のとき，$a\times b=5\times5=25$

よって，$a\times b$ がもっとも大きくなるのは，$a=5$，$b=5$ のとき，25

**5 解答**　(1) 15

**(2) 9段目の左から4番目**

**解説**

(1)　右端の数は，次のように，$+2$，$+3$，$+4$，…と増えていく。

$+2$ $+3$ $+4$ $+5$

1，3，6，10，15，…

(2)　(1)より，8段目の右端の数は36

よって，9段目の数は，左から順に，37，38，39，40，…になる。

これより，40は9段目の左から4番目の数である。

**6 解答**　3個

**解説**

2個取り出したとき，2個とも同じ色なら，そのままでよいが，取り出した2個がちがう色の場合は，もう1個取り出す必要がある。

したがって，条件にあてはまる球の数は，2+1=3(個)

**7 解答**　65

解説

【57】$=5^2+7^2=74$

【74】$=7^2+4^2=65$

よって，【【57】】＝【74】=65

## STEP 3 ゆとりで合格の問題

**1 解答**　(1) 8　(2) 295

解説

8，2，4，1の4個の数字を1組として，同じ数字がくり返されていることから求める。

(1)　93÷4=23余り1より，93番目の数字は，4個の数字を23回くり返したあとの1番目の数字で，8

(2)　(1)と同様に，78÷4=19余り2より，78番目の数字は，4個の数字を19回くり返したあとの2番目の数字で，2である。

8+2+4+1=15だから，求める数字の和は，

15×19+8+2=295

**2 解答**　$a=4$，$b=5$，$c=5$のとき，100

(または，$a=5$，$b=4$，$c=5$のとき，100，$a=5$，$b=5$，$c=4$のとき，100)

解説

$a\times b\times c$が大きくなるのは，$a$，$b$，$c$の値が近い数になるときである。

このような3つの数は，4，5，5である。

よって，$a\times b\times c$がもっとも大きくなるのは，$a=4$，$b=5$，$c=5$のとき，100

# 巻末 模擬検定の解答

## 1次：計算技能検定

**1 解答**　(1) 537.2　(2) 9.6　(3) $\frac{43}{36}$

(4) $\frac{25}{72}$　(5) $\frac{15}{4}$　(6) $\frac{1}{3}$　(7) $\frac{8}{45}$　(8) 288

(9) 14　(10) −44　(11) $x-3$　(12) $\frac{7}{18}$

解説

(1)
```
    680
 ×  0.79
   6120
  4760
  537.20
```

(2)
```
          9.6
 2.7 ) 25.9.2
        243
         162
         162
           0
```

(3)　通分して計算する。

$$原式=\frac{27}{36}+\frac{16}{36}=\frac{43}{36}$$

(4)　通分して，(　)内を先に計算する。

$$原式=\frac{28}{72}-\left(\frac{12}{72}-\frac{9}{72}\right)=\frac{28}{72}-\frac{3}{72}=\frac{25}{72}$$

(5)　帯分数を仮分数に直してから計算する。約分を忘れないようにしよう。

$$原式=\frac{27}{8}\times\frac{10}{9}=\frac{\overset{3}{\cancel{27}}\times\overset{5}{\cancel{10}}}{\underset{4}{\cancel{8}}\times\underset{1}{\cancel{9}}}=\frac{15}{4}$$

(6)　帯分数は仮分数に直し，わる数を逆数にして乗法に直して計算する。

$$原式=\frac{5}{8}\div\frac{15}{8}=\frac{5}{8}\times\frac{8}{15}=\frac{\overset{1}{\cancel{5}}\times\overset{1}{\cancel{8}}}{\underset{1}{\cancel{8}}\times\underset{3}{\cancel{15}}}=\frac{1}{3}$$

(7)　小数は分数に直して計算する。

$$原式=\frac{8}{15}\times\frac{7}{12}\div\frac{7}{4}=\frac{8}{15}\times\frac{7}{12}\times\frac{4}{7}$$

$$=\frac{8\times\overset{1}{\cancel{7}}\times\overset{1}{\cancel{4}}}{15\times\underset{3}{\cancel{12}}\times\underset{1}{\cancel{7}}}=\frac{8}{45}$$

(8)　$原式=40\div\left(\frac{32}{36}-\frac{27}{36}\right)=40\div\frac{5}{36}$

$$=40\times\frac{36}{5}=288$$

解答 模擬検定

(9)　原式$=-5+19=14$

(10)　$-■^2=-(■\times■)$,

$(-■)^2=(-■)\times(-■)$

原式$=-49+9-4=-53+9=-44$

(11)　原式$=21x-18-20x+15=x-3$

(12)　原式$=\dfrac{3(2a+1)-2(3a-2)}{18}$

$=\dfrac{6a+3-6a+4}{18}=\dfrac{7}{18}$

2 **解答**　(13) 14　(14) 17

**解説**

(13)　42の約数 ⇨ ①, ②, 3, 6, ⑦, ⑭, 21, 42

56の約数 ⇨ ①, ②, 4, ⑦, 8, ⑭, 28, 56

○印をつけた数が42と56の公約数で，最大公約数は14

(14)　34の約数 ⇨ ①, 2, ⑰, 34

51の約数 ⇨ ①, 3, ⑰, 51

85の約数 ⇨ ①, 5, ⑰, 85

○印をつけた数が34と51と85の公約数で，最大公約数は17

3 **解答**　(15) 84　(16) 90

**解説**

(15)　12の倍数 ⇨ 12, 24, 36, 48, 60, 72, (84), …

21の倍数 ⇨ 21, 42, 63, (84), …

よって，12と21の最小公倍数は84

(16)　9の倍数 ⇨ 9, 18, 27, 36, 45, 54, 63, 72, 81, (90), …

15の倍数 ⇨ 15, 30, 45, 60, 75, (90), …

18の倍数 ⇨ 18, 36, 54, 72, (90), …

よって，9と15と18の最小公倍数は90

4 **解答**　(17) 4：7　(18) 16：25

**解説**

比の両方の数に同じ数をかけても，同じ数でわっても，それらの比はみな等しいことを利用する。

(17)　16：28＝(16÷4)：(28÷4)＝4：7

(18)　まず通分する。$\dfrac{8}{15}:\dfrac{5}{6}=\dfrac{16}{30}:\dfrac{25}{30}$

$=\left(\dfrac{16}{30}\times30\right):\left(\dfrac{25}{30}\times30\right)=16:25$

5 **解答**　(19) □＝48　(20) □＝2

**解説**

(19)　8：3＝□：18,　□＝8×6＝48

（8→□ ×6，3→18 ×6）

**〔別解〕**

**$a:b=c:d$ ならば，$a\times d=b\times c$** が成り立つことを利用する。

8：3＝□：18,　8×18＝3×□,

$□=\dfrac{8\times18}{3}=48$

(20)　3：0.8＝7.5：□,　□＝0.8×2.5＝2

（3→7.5 ×2.5，0.8→□ ×2.5）

**〔別解〕**

3：0.8＝7.5：□,　3×□＝0.8×7.5,

$□=\dfrac{0.8\times7.5}{3}=2$

6 **解答**　(21) $x=6$　(22) $x=-7$

**解説**

(21)　$8x$を左辺に，4を右辺に移項して，

$5x-8x=-14-4$,　$-3x=-18$,

$x=6$

(22)　両辺を10倍して，

$(1.3x+2)\times10=(0.8x-1.5)\times10$,

$13x+20=8x-15$,　$5x=-35$,

$x=-7$

7 解答 (23) 21 m (24) 24 本 (25) エ

(26) 6 (27) −5 (28) $y=-\frac{1}{2}x$ (29) $y=12$

(30) 12 cm

解説

(23) **平均＝記録の合計÷人数**だから，

$\frac{20+16+24+27+18}{5}=\frac{105}{5}$

$=21$(m)

(24) 立体の見取図では，見えない辺は点線(破線)で表されている。この点線で表される辺を見落とさないようにする。

(25) 点対称な図形は，右の図のようになる。

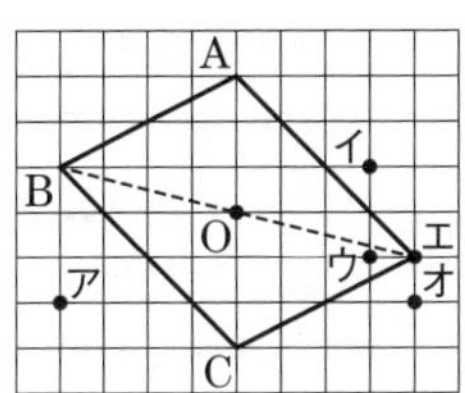


(26) **最頻値**は，データの値の中で，最も多く出てくる値。

2, 3, 4, 4, 6, 6, 6, 7, 7, 8

最頻値

(27) $-4x-17=-4\times(-3)-17$

$=12-17=-5$

(28) $y=ax$ に $x=8$，$y=-4$ を代入して，$-4=a\times8$，$a=-\frac{1}{2}$

よって，式は，$y=-\frac{1}{2}x$

(29) $y=\frac{a}{x}$ に $x=-6$，$y=-16$ を代入して，$-16=\frac{a}{-6}$，$a=96$

$y=\frac{96}{x}$ に $x=8$ を代入して，

$y=\frac{96}{8}=12$

(30) 台形 ABCD の点 B が台形 ECFG の点 C に対応するから，平行移動した距離は，線分 BC の長さである。

## ❷次：数理技能検定

1 解答 (1) 72 kg (2) 40 kg

解説

(1) $45\times1.6=72$(kg)

(2) 弟の体重を $x$ kg とすると，

$x\times1.8=72$

よって，$x=72\div1.8=40$(kg)

2 解答 (3) 17 % (4) 6.3 点

解説

(3) 得点が 6 点の生徒は 5 人だから，

$5\div30\times100=16.6\cdots$

よって，17%

(4) **平均点＝得点の合計÷人数**である。

得点の合計は，$1\times1+2\times1+3\times2+4\times2+5\times3+6\times5+7\times8+8\times4+9\times1+10\times3=189$(点)だから，

平均点は，$189\div30=6.3$(点)

3 解答 (5) 28 $cm^2$ (6) 30 $cm^2$

解説

(5) **三角形の面積＝底辺×高さ÷2**

だから，$8\times7\div2=28$($cm^2$)

(6) **平行四辺形の面積＝底辺×高さ**

だから，$5\times6=30$($cm^2$)

4 解答 (7) 192 $cm^3$ (8) $100\pi$ $cm^3$

解説

(7) **角錐の体積 $=\frac{1}{3}\times$ 底面積 × 高さ**

だから，$\frac{1}{3}\times8\times8\times9=192$($cm^3$)

(8) **円錐の体積 $=\frac{1}{3}\times$ 底面積 × 高さ**

だから，$\frac{1}{3}\times\pi\times5^2\times12=100\pi$($cm^3$)

5 解答 (9) 24 個 (10) 50 個 (11) 25：12

解説

(9)　妹のおはじきの数を $x$ 個とすると，$5:3=40:x$ より，$x=24$

(10)　兄のおはじきの数を $y$ 個とすると，$4:5=40:y$ より，$y=50$

(11)　$50:24=(50\div2):(24\div2)$
$=25:12$

6 解答　(12) $5x-6$(枚)

(13) $5x-6=3x+64$
これを解くと，$2x=70$，$x=35$
(答え)35 人

解説

(12)　画用紙の枚数 ＝1 人あたりの枚数 × 人数 − たりなかった枚数

(13)　1 人に 3 枚ずつ配ったときの画用紙の枚数は，$3x+64$(枚)
　$5x-6$ と $3x+64$ はどちらも画用紙の枚数を表しているから，方程式は，$5x-6=3x+64$

7 解答　(14) 14 点　(15) 2 点

(16) $75+(0-9+5-7+1)\div5=75+(-10)\div5=75-2=73$　(答え)73 点

解説

(14)　$(+5)-(-9)=5+9=14$(点)

(15)　$(-7)-(-9)=-7+9=2$(点)

(16)　基準の得点に基準との差の平均を加えればよい。

8 解答　(17) $\frac{5}{6}$　(18) 180 ページ

解説

(17)　1 日目に読んだのは全体の $\frac{1}{3}$，2 日目に読んだのは全体の $\left(1-\frac{1}{3}\right)\times\frac{3}{4}=\frac{1}{2}$ だから，2 日間に読んだのは，全体の $\frac{1}{3}+\frac{1}{2}=\frac{5}{6}$

(18)　全体の $1-\frac{5}{6}=\frac{1}{6}$ が 30 ページにあたるので，求める本のページ数は，
$30\div\frac{1}{6}=180$(ページ)

9 解答　(19) $n^2$　(20) 399

解説

(19)　各段の右端の数は，順に，
　$1=1^2$，$4=2^2$，$9=3^2$，$16=4^2$，…
だから，$n$ 段目の右端の数は，$n^2$ と考えられる。

(20)　(19)より，20 段目の右端の数は，
　$20^2=400$
　また，各段のカードの枚数は，順に，1，3，5，7，…だから，$n$ 段目のカードの枚数は，$2n-1$(枚)
　よって，20 段目のカードの枚数は，
　$2\times20-1=39$(枚)
　これより，20 段目の左から 38 番目の数は，右から 2 番目の数である。
　したがって，$400-1=399$

【別解】　19 段目の右端の数は，
　$19^2=361$
　よって，20 段目の左から 38 番目の数は，$361+38=399$